JN036361

改訂版

理科系のための

入門

# 英語論文ライティング

中部大学教授・核融合科学研究所 総合研究大学院大学名誉教授

廣岡慶彦 ▶著

朝倉書店

# はじめに──
改訂版を出版するにあたって

　本書筆者は、1984 年に渡米し約 15 年間にわたるカリフォルニア大学
（UCLA・UCSD）での研究・教育生活の後 1998 年に帰国、文部科学省・
核融合科学研究所・総合研究大学院大学に勤務する傍ら持ち帰った科学英
語の知識・文化的経験を早く共有したい思いから矢継ぎ早に理工系英語参
考書を出版しました：『学会出席・研究留学のための理科系の英会話』（ジャ
パンタイムズ、1999 年）、『理科系のためのはじめての英語論文の書き方』
（ジャパンタイムズ、2001 年）、『理科系のための実戦英語プレゼンテーショ
ン』（朝倉書店、2002 年）、『理科系のための入門英語プレゼンテーション』
（朝倉書店、2003 年）、『理科系のための状況・レベル別英語コミュニケー
ション』（朝倉書店、2004 年）、その翌年の 2005 年に本書初版が朝倉書店
から刊行されました。

　当時、急速に進む科学分野のグローバリゼーションを横目に国内理工系
大学院の教授陣・学生諸君が英語力の必要性を認識しながらも「生きた英
語」・「使える英語」の学習機会に恵まれない状況がありました。折しも筆
者は、2002 年から中部大学大学院工学研究科で「技術英語特別講義-A, B」
を担当する機会に恵まれ、以来 18 年間、前記総研大の科学英語講義に加
えて東北大学・茨城大学などで集中講義を行ったこともありました。

　これらの講義経験から言えることは、学生諸君が科学英語を難しいもの

と思い込んで身構えてしまうアレルギー反応を起こす傾向があることです。その点に鑑み、本書第2章では一気に実際的な科学英語の表現を導入するのではなく、まず中学・高校で学んだ平易な語彙で基本的な5文型を解説し、その延長線上に科学英語があることを解説し、前記のアレルギーを取り除くことに注力しました。これについては、改訂版も初版と同じスタンスです。それに続いて、いくつかの基本ルールを導入して「暗記物の英語」から「理屈で書ける英語」へと読者の発想の転換を図りました。

　今回の改訂では、全ての例文とその解説の細部にわたって手を入れました。例えば、具体的な論文の書き方を指南する第3章では、初版で「中級者バージョン」とした例文を「中・上級者バージョン」に格上げし、その一方で「初心者バージョン」は、より平易な表現に変更しました。また、初版にはなかった新しい試みとして、実際のマサチューセッツ工科大学の物理と化学講義の書き取りレクチャー英語からライティング英語に変換するプロセスを通じて論文英語の書き方を解説する第4章を付け加えました。また、これら全ての解説で使われた英語表現は、巻末に「重要表現の総まとめ」として総括し、読者の利便を図りました。

　日本の若い研究者が本書から得た科学英語の知識を実践し、将来、グローバルな舞台で活躍することを望みながら筆をおきます。

　最後になりましたが、筆者自身の異動等のため、本書執筆に思いのほか時間が掛かったにもかかわらず、朝倉書店の皆様には辛抱強くお待ちいただいたこと心から感謝いたします。

　2020年9月

筆者記す

# ●目次

**1** | # 科学技術論文（テクニカルレポート）の種類・目的と構成

本章では、一般に科学技術論文（テクニカルレポート）と呼ばれるものの種類・目的・構成と投稿論文審査方法について解説します。

## 1-1 社内レポート（社内報）・学内レポート（学内報）

俗に言う社内レポート（社内報）を英文で書くことはあまりないでしょうが、たとえば、外資系企業で海外の本社に何らかの調査結果や研究結果を報告する場合は、英文で書く必要があるかもしれません。

同じように、学生が書く学部卒業論文・大学院修士論文等や教官が書く大学内のレポート（学内報）も、通常、日本語で書かれるものです。ただし、旧帝大等の限られた大学では、博士論文に限って英語で書くことを必須にしているところもあります。

いずれにしてもこれら「機関内報告書」は、公表範囲の限られた出版物と言えるので、第三者による査読もありませんし、英語で書かれた場合でも英文校閲はありません。

一般に、これら機関内報告書の構成は、

(1) 目的（Objective）；

(2) 緒論（Introduction）：調査・研究が行われた背景・動機；

(3) 方法（Method）：調査・研究の方法（実験方法・理論等）；

(4) 結果（Results and discussion）：表・グラフによる結果の整理；

(5) まとめ（Summary）：研究・調査のまとめ；

(6) 今後の予定（Future plans）：将来計画・検討課題；

(7) 謝辞（Acknowledgement）：上司・指導教官への謝意；

(8) 引用文献（References）：当該報告書中で引用した情報の出典。

から成り立っています。これらのセクションの書き方詳細と実例は、次章以降で解説しますが、必ずしも（1）〜（8）が独立したセクションとして書かれるわけではなく、（1）と（2）や（5）と（6）が一つのセクションにまとめられたりすることがあります。

## 1-2　雑誌・ジャーナル投稿論文の種類

（1）　フルペーパー

　一般に専門分野の最新の研究成果を掲載する雑誌をジャーナルと呼びます。ジャーナルへの投稿論文のだいたい8〜9割がたがいわゆるフルペーパーと呼ばれるもので、通常、フルペーパーに長さ制限はありません。ただし、ジャーナルによっては、1ページ当たり数万円の掲載料を取るものもありますので注意してください。

　また、フルペーパーは、後述のように、厳しい査読（英文校閲を含む）を経て初めて掲載受理されるものです。まず、査読者からのコメントが返ってくるのに最短でも2カ月かかると考えてください。そのコメントに従って筆者が修正を行い、再投稿した論文に対して掲載決定の連絡が来るのにさらに1カ月、そのあと実際に論文がジャーナルに掲載されるまでさらに数カ月かかると考えておいてください。つまり、最初の論文投稿からジャーナル掲載まで約1年と考えてください。

　通常、フルペーパーは、

（1）アブストラクト（Abstract）：論文抄録；

（2）緒論（Introduction）：研究の背景・動機と目的；

（3）方法（Experimental または Theory）：実験的研究に用いられた装置、または理論的研究に用いられた理論式や計算コードの詳細；

（4）結果と考察（Results and discussion）：研究結果とその考察；

（5）結論（Summary または Conclusion）：まとめまたは結論；

（6）謝辞（Acknowledgement）：研究協力・資金援助への謝意；

（7）引用文献（References）：論文中に引用した情報の出典。

の構成要素からなります。

（2）　国際会議プロシーディングス論文

国際会議の会議録（会議で発表された論文集で、通常、プロシーディングスと呼ばれる）への寄稿を目的とした論文で、先に挙げたジャーナルのフルペーパーに対して、刷り上がり4〜5ページ等の長さ制限があります。

論文の構成と審査プロセスは、原則、ジャーナル掲載のフルペーパーのそれらと同じです。ただし、国際会議プロシーディングスの出版は、速報性が要求されるため論文審査時間に制限が付くので、通常のジャーナル論文ほど厳格な査読ではないこともあります。

したがって、3年で卒業を目指す博士課程の学生諸君には、国際会議プロシーディングスへの寄稿機会を逃さずに論文発表することをお勧めします。ただし、全く審査なしで発表論文がプロシーディングスに掲載される会議もありますが、これらは俗に言う「審査なし論文」に分類されて博士学位審査の要件を満たさない場合があるので注意してください。

（3）　レター・ショートノート

ほとんどのジャーナルは、フルペーパーと並行して「レター（Letter to the Editor）」または「ショートノート（Short Note）」呼ばれる速報性を重視した短編論文を掲載します。これらは、国際会議プロシーディングス寄稿論文より短く、刷り上がり2〜3ページまたは語数2000〜3000以内という制限を付けることで査読者の負担を軽減し、査読期間の短縮を目指します。このカテゴリーのジャーナル論文は、投稿から掲載まで半年ほどですから博士課程の学生諸君にお勧めします。

ただし、発表内容が新規性・重要性に富んでいることが要件になります

ので注意して下さい。言い換えると、レター・ショートノートの特徴は、まだデータ解析が完全に終わっていなくとも結果の速報性が重要であることです。実際、このようなレター・ショートノートばかりを掲載する雑誌もあり、その一例が *Physical Review Letters* で、非常に権威の高い雑誌です。たとえば、「コロナウイルスの撲滅法」が発見されれば、なぜその方法が有効かを病理学的に検討するより、即座に発表して1人でも多くの人命を救う必要がある場合等がこの例に当たります。

レター・ショートノートのもう一つの特徴は、いったんジャーナルに掲載されても、完全にデータ解析が済んだ段階で同じ結果をフルペーパーとして再度投稿することができることです。したがって、画期的な発見と考えられる場合は、思い切ってレター・ショートノートとして投稿することをお勧めします。

（4）　レヴューペーパー

このカテゴリーの論文が出版できるようになったら、その分野の実力者・重鎮として認められていると言っていいでしょう。かく言う筆者もまだ数本しか、レヴューペーパーを書いたことがありません。つまり、レヴューペーパーは、ある分野の研究成果がある程度蓄積された段階で、当該分野の研究者にその概観を紹介し、将来の研究への指針を示すためのものです。したがって、大量の文献調査が必要であるだけでなく、先人の研究成果に独自の視点から評価を与える能力を要求されます。

通常、このカテゴリーの論文の構成は、

（1）　アブストラクト（Abstract）：レヴュー論文の狙いを述べる。
（2）　研究の現状（Present status）：フルペーパーの緒論に相当する部分で、当該分野の研究の過去から現在までの知見をサーベイして整理する。
（3）　今後の研究課題（Future perspective）：これまでの研究成果に見られる過不足や実験的・理論的問題点を指摘する。
（4）　結論・まとめ（Conclusion）：論文サーベイの結果から得られる結論のまとめを述べて、今後の研究に指針を与える。

です。なお、レヴューペーパーは、内容がオリジナルでないため審査が厳

しくなる傾向があり、投稿から掲載まで最低でも 1 年と見てください。したがって、掲載を急ぐような場合は、勧められません。

## 1-3　ジャーナル論文の審査（査読）

　一般に、海外ジャーナルだけでなく国内ジャーナルでも英文誌への論文投稿には、研究内容の審査と共に英文校閲を経ることが必要です。筆者が学生だった古き良き時代、論文査読者の大部分が英語ネイティブスピーカーだったので、研究内容の審査と並行して英文校閲もしてくれました。しかし、現在は、査読者の負担軽減のため英文校閲を頼むことは、ほとんどなくなっているようです。その代わりに投稿前または掲載決定後に論文の英文校閲サービスを有償で行うジャーナルもあります。一般の英文代筆・校閲業者もありますが、ジャーナル直結の英文校閲サービスを利用することをお勧めします。

　ジャーナルに掲載されるか否かの判断は、通常、エディターが選んだ査読者（通常、2 人）から以下に挙げたようなポイントに関しての公平かつ客観的な評価によって決定されます。その意味では、社内報・学内報とジャーナル投稿論文の審査基準に天地の差があります。また、雑誌の権威によっても審査基準の差が出てきますので、初心者は、必ずジャーナル論文投稿経験のある先輩や指導教官に相談してから投稿するジャーナルを決めてください。

　論文査読の基準は、以下のようにまとめられます：

（1）　論文内容の新規性

　当然ながら、論文の内容が新しいかどうかが問題になります。過去に同様の内容の論文が発表されていれば、実験方法が異なる等の差異があって、それが明解に記述されていなければ、掲載拒否になります。

（2）　雑誌の「性格」とのマッチング

　投稿する雑誌の取り扱う研究分野とあなたの研究分野がよく符合することです。たとえ論文として完全なものであっても、研究の題材が「お門違

い」の論文は、即座に掲載拒否となります。したがって、投稿先の雑誌を普段からよく読んでおく必要があります。

（3） 研究内容・論旨の一貫性

論文の内容の明解さと一貫性です。ここが最も大切な部分です。査読者を納得させるような研究をすることが肝要です。通常、論文投稿に先立って何回か（国内）学会発表をしているはずですから研究内容が論文投稿の段階でぐらつくようなことはないと思いますが、念のため論旨の展開を整理・再点検してください。

（4） 図表の表示が的確か

データを示す図表は、和文英文を問わず、科学論文の最も重要なエレメントです。これらが、読者にわかりやすく書かれて（描かれて）いるか、本文中での記述とよく対応しているか否かが論文審査でも重要なポイントになります。カラーで描かれた原図が白黒印刷になってもグラフ中のシンボル等が判別できるか等もチェックしてください。

（5） 引用論文の過不足

論文中、研究結果を既存のデータと比較・推論する場合には、必ず論文の引用が必要です。引用論文の出典記載の様式もジャーナルによって異なりますので投稿規定をよく読んでから引用文献を列挙してください。また、引用文献に関しては、論文を書き始めてからあわてて整理しても間に合いませんので、普段から心がけて文献調査を行ってください。

（6） 英語表現の正確さ・明確さ

最後になりましたが、論文査読者を納得させるには、明解な記述が必要です。逆に言えば、英語表現が不明解な場合は、最悪、掲載拒否になる場合もありますので注意してください。単語のスペル等は、最近のソフトに付属の文章校正機能を用いて必ず投稿前に修正してください。それ以外の間違い、つまり、論旨の展開や微妙なニュアンスに関しては、査読者でも論文著者の「真意」を察することはできません。したがって、もし、査読者全員に誤解されたために掲載拒否になったとしたら、論文著者の責任であると銘記しておいてください。それだけに、英語論文の表現には正確さと客観性を要求されます。つまり、論文筆者の上司・同僚や指導教官でなければ

理解できないような簡略化した表現は、絶対に避けてください。

## 1-4　文献調査方法

前節の引用文献に関連して、いわゆる文献調査に関して筆者の経験を述べますと、今から 40 年前、筆者が学生時代には、大学の図書館に 1 日こもって、*Chemical Abstracts* 等の論文抄録誌に目を通して、自分の研究に関連する論文を検索しましたが、文献調査の方法も様変わりしてきました。

筆者がアメリカから帰国する少し前、1995 年頃、UCSD 図書館備え付けの PC から INSPEC 等の有償文献データベースへアクセスしてキーワード入力から文献検索できるようになりインターネットの力に驚きました。1998 年に筆者が帰国した日本では、まだネット検索できる文献データベースが大学や研究機関ごとに備えられているわけではありませんでした。

それからさらに十数年後の現在では、無償の科学技術文献情報データベース Google Scholar（http://scholar.google.co.jp/）でも、有償データベースと同じレベルの文献調査が出来るようになりました。したがって、これら有償（高額な）の科学技術情報データベース全体の需要が激減したであろうことは容易に推測されます。

# 2 | 科学ジャーナル論文 英語ライティングの基本ルール

---

## 2-1 科学英語基本ルール #1：5 文型からの出発

前章で解説したジャーナル論文を読むと、いわゆる専門用語と呼ばれる、一般の辞書を引いても意味のわからない新語・造語が頻繁に使われています。このため「科学英語」というだけで「難しい英語」という印象を持つ学生諸君が多く、必要以上に気負ってしまい、結果、とんちんかんな英語を書いてしまう……これは、筆者が中部大学工学部大学院（以降、中部大）と自然科学研究機構・総合研究大学院大学（以降、総研大）で過去約 20 年にわたって科学技術英語の講義を行って直に理工系大学院生と接して感じることです。

そこで、本章では、中学・高校時代のリーダーの教科書にあったような簡単な英文から、ジャーナル論文に出てくるような科学英語を書けるように 5 文型の基礎を復習しながら解説します。本章を読み終える頃には、読者の皆さんの科学英語に対する間違った印象から来るアレルギーがかなり改善されているはずです。

## 第 1 文型：主語＋述語動詞（S＋V 型）

　これが、英語の基本文型の中でも最も基礎的な文型で、文の要素としては、主語（S：Subject）と述語動詞（V：Verb）しかありません。

　中学・高校のリーダーの教科書に出てきたレベルの英文としては、

> **"We live in Tokyo."**
> （私たちは、東京に住んでいます。）

が挙げられます。ここで、主語（S）は We、述語動詞（V）は live です。残る in Tokyo は、文の要素ではなくて述語動詞を修飾する副詞句です。

　これと同じ第 1 文型で少し科学的な表現が入った例文としては、

> **"Water boils at 100℃."**
> （水は、100℃ で沸騰する。）

が挙げられます。この場合は、文の要素：主語（S）は Water、述語動詞（V）は boil です。残りの at 100℃ は、前の例文の in Tokyo と同様に、文の要素ではなくて述語動詞を修飾する副詞句です。

　この例文を少し長くしてジャーナル論文英語風に書き換えると、

> **"Pressurized water does not boil even at 100℃."**
> （加圧水は、100℃ でも沸騰しない。）

となります。文の要素：主語（S）は（Pressurized）water、述語（V）は boil です。残る even at 100℃ は、副詞句です。いかがですか？　これならジャーナル論文英語も恐くないですね。

　次は、補語（C：Compliment）が入る S ＋ V ＋ C 型です。ここで、補語とは、主語の状態（形態）またはそれらの変化を表すもので、典型的な補語は、名詞（または、名詞句）・形容詞（または、形容詞句）です。したがって、第 2 文型では、主語の状態を表す述語動詞としていわゆる be 動詞や look、taste、smell 等が用いられ、主語の状態変化を表す述語動詞には become、turn、get 等が用いられます。

　先と同様に、第 2 文型で中学・高校の教科書から例文としては、

---

**"He is a high school student."**
（彼は、高校生です。）

---

等が挙げられます。ここでは、主語（S）は He、述語動詞（V）は is、補語（C）が a high school student です。

　この例文の用語を少し科学的なものに換えますと、

---

**"Water is a liquid, but ice is a solid."**
（水は液体だが、氷は固体である。）

---

これは、二つの単文を連ねた重文の形をとっていますが、それぞれの文は、第 2 文型:S ＋ V ＋ C であることがわかります。つまり、二つの文の要素は、主語（S）は Water と ice、共通の述語動詞（V）は is、補語（C）は a liquid と a solid です。

　この例文に具体的な修飾語を入れると、立派なジャーナル論文英語になります。

---

**"Water is a liquid, but it becomes a solid at temperatures below 0°C."**
（水は液体であるが、0°C 以下の温度では固体になる。）

---

この場合も、S＋V＋C型の二つの文を連ねた重文ですが、一つめの文の述語は、be 動詞ですので何らかの状態そのものを表しますが、二つめの文の動詞は become で「…になる」状態の変化を表します。

---

## 第3文型：主語＋述語動詞＋目的語（S＋V＋O型）

先の文型の補語に替わって目的語（O：Object）が入る文型で、目的語とは、述語動詞の動作の対象になるもので、典型的な目的語は、名詞（名詞句・名詞節）です。補語と目的語の明確な違いは、補語は主語の状態を表すもの、目的語は述語動詞の動作の対象であると理解してください。

第3文型で中学・高校の教科書に出てきたレベルの英文としては、

---

**"I teach English."**

（私は、英詰を教えています。）

---

が挙げられます。ここでは、主語（S）は I、述語動詞（V）は teach、目的語（O）は、動作の対象となる English です。

同じ文型で少し科学的な表現を含む英文としては、

---

**"We measured the water temperature."**

（我々は、水温を測定した。）

---

が挙げられます。この文の要素：主語（S）は We、述語動詞（V）は measured、目的語（O）は（the water）temperature です。ここで、temperature は、pressure や voltage 等と同様に「物理量」ですので初出でも冠詞は the になることを覚えておいてください（詳しくは、セクション 2-5 を参照）。

なお、後節て述べるように、ジャーナル論文英語では同じ内容が次のように受身形で書かれ、「我々によって」の部分は、通常、省かれます。

> **"The water temperature was measured [by us]."**
> (温度は、[我々によって] 計られた。)

この場合、主語（S）は（The water）temperature、述語動詞（V）は was、補語（C）は measured となり、前述の第 2 文型になります。

　この例文にもう少し科学的な修飾語をつけて、能動形と受身形で書くと、

> **"We measured the water temperature every 20 seconds in this experiment."**
> （この実験で我々は、20 秒ごとに水温を測定した。）
>
> **"The water temperature was measured every 20 seconds in this experiment."**
> （この実験では、水温は 20 秒ごとに測定された。）

となります。受け身表現で書かれた後者は、立派なジャーナル論文英語です。また、この場合、every 20 seconds と in this experiment は文の要素ではなく（was）measured を修飾する副詞句です。

---

**第 4 文型：主語＋述語動詞＋（間接）目的語＋（直接）目的語（S＋V＋O_{id}＋O_d 型）**

　第 4 文型には、目的語が二つ入ります。一つめの目的語は、間接目的語と呼ばれ、主として、人間や人格を与えられる生物が用いられます。二つめの目的語が動作の直接の対象になるもので、典型的には、名詞（名詞句・名詞節）です。なお、この文型で用いられる動詞を授与動詞と呼ぶことがありますが、これは、何か物を与える動作を表すことが多いためです。授与動詞には、give、teach、tell、present 等があります。

　この文型に関しても、中学・高校のリーダーの教科書から簡単な例文を挙げますと、

> **"He teaches students English."**
> （彼は、生徒に英語を教えている。）

となります。ここで、文の要素：主語（S）は He、述語動詞（V）teaches、間接目的語（$O_{id}$）は students、直接目的語（$O_d$）は English となります。

　この文型は、間接目的語を最後に回して次のようにも書き換えられます。

> **"He teaches English to students."**
> （彼は、生徒に英語を教えている。）

ただし、この場合は、文の要素：主語（S）は　He、述語動詞（三人称単数形）（V）は teaches 、直接目的語（$O_d$）は English で構成される第3文型 に変わり、to students は、teach を修飾する副詞句になります。

　この文型も科学論文では、能動形として用いられることはめったにありません。その理由は、通常、（人間工学等除く）理工系では、間接目的語となる対象が人または動物であることは稀であるからです。

　あえて第4文型で理工系的な例文を作るとすれば、

> **"We gave the technical assistant an easy job."**
> （我々は、技官に簡単な仕事を与えた。）

となります。この場合の文の要素：主語（S）は We、述語動詞（V）は gave、間接目的語（$O_{id}$）は（the technical）assistant、直接目的語（$O_d$）は（an easy）job です。

　参考までに、典型的な第4文型の例文を医薬系の読者のために挙げますと、以下のようなものが考えられます。

> **"He gave his patient aspirin."**
> （彼は、患者にアスピリンを与えた。）

この場合の文の要素：主語（S）は He、述語動詞（V）は gave、間接目的語（O$_{id}$）は（his）patient、直接目的語（O$_d$）は aspirin です。
　また、この例文に少し現実的な表現や修飾語を入れると、

> **"He prescribed his patient 10 tablets of aspirin for pain relief.**
> （彼は、痛み止めに 10 粒のアスピリンを患者に処方した。）

となります。この場合の文の要素：主語（S）は He、述語動詞（V）は prescribed、間接目的語（O$_{id}$）は（his）patient、直接目的語（O$_d$）は（10 tablets of）aspirin です。なお、for pain relief は prescribed に掛かる副詞句で、文の要素ではありません。

## 第 5 文型：主語＋述語＋目的語＋補語（S＋V＋O＋C 型）

　最後に解説する第 5 文型は、目的語と補語の両方が入ります。ただし、この補語は、第 2 文型のそれと異なり、主語の状態を表すのではなく目的語の状態を説明するものであることに注意してください。
　再び中学・高校の教科書からこの文型の例文としては、

> **"He painted the chair black."**
> （彼は、椅子を黒く塗った。）

が挙げられます。この場合の文の要素：主語（S）は He、述語動詞（V）は painted（過去形）、目的語（O）は（the）chair、補語（C）は black です。ここでは、補語 black が目的語 chair の状態を説明しています。

実は、ジャーナルを読むと気づくことですが、この文型が論文英語として用いられることはほとんどありません。むしろ、目的語を主語とした受け身形で書かれる方が多いようです。

　あえて第5文型の理工系英語の例文を作ると、

---

**"We kept the water temperature high."**

（我々は、水温を高く保った。）

---

となります。この場合の文の要素：主語（S）は We、述語動詞（V）は kept、目的語（O）は (the water) temperature、補語（C）は high です。また、目的語を主語にして受身形に書き直すと、

---

**"The water temperature was kept high [by us]."**

（水温は、高く保たれた。）

---

となります。この場合も前節同様に、主語（S）は (The water) temperature、述語動詞（V）は was、補語（C）は kept (high) となり、第3文型 S + V + C 型になります。「我々によって」は、ジャーナル論文英語では省かれます。

　これに科学的な修飾語を付けてよりジャーナル論文英語的にしますと、

---

**"We kept the water temperature higher than 50°C for 2 hours."**

（我々は、2時間、水温を50°C以上に保った。）

**"The water temperature was kept higher than 50°C for 2 hours."**

（水温は、2時間、50°C以上に保たれた。）

---

この例では、than 50°C と for 2 hours は、kept に掛かる副詞句です。

以上のように、中学・高校時代に習った英語の基本さえ理解しておけば、ジャーナルへの論文投稿のためのテクニカルライティングもかけ離れた存在ではないということがおわかりいただけたかと思います。

　しかも、医薬系を除く理工系ジャーナル英語では、5 文型全てが用いられるのではなく、ほとんどの場合、第 1 文型、第 2 文型、第 3 文型かその受身形で成り立っています。本書では、これを科学英語基本ルール #1 と呼ぶことにします。これから後の章では、必要に応じて 5 文型の基本概念に立ち戻って解説を進めていきます。

---

## 2-2　科学英語基本ルール #2：主語は、いつも We か？

　英語論文を書き始めてすぐに気が付くのは、実験操作・データ解析等のほとんど全ての動作の主語が、論文執筆者または指導教官を含めた共同研究者になってしまうことです。これは、40 年ほど前に本書筆者が大学院博士課程の学生で、初めて論文を書いた時に疑問に思ったことです。これと関連しますが、読者の中には中学・高校時代に長文で同じ主語を連発するのは、あまり勧めないと教わった人がいるかも知れません。もちろん、その時の英語の先生は、科学論文の執筆など意識していたわけではありませんが…。では、どうすれば反復主語の問題を解決できるでしょうか？

　筆者が考えた解決法は、全ての文を反復主語（We 等の人称代名詞が多い）で「因数分解して括弧の中身を受身形にする」あるいは「物・事を主語にする」ことで、自然に主語の反復を避けられるだけでなく、読み手にも理解しやすい表現にもなることがわかりました。これが科学英語基本ルール #2 です。主語変換操作の結果として、科学論文英語のほとんどが第 1 文型、第 2 文型、第 3 文型になります。これが、前節の科学英語基本ルール #1 です。中部大や総研大の講義では、このことをネイティブスピーカー執筆になるジャーナル論文をいくつか挙げて検証することにしています。

　以下に、この共通主語による因数分解と受身形への変換の実例を挙げます。なお、これ以降本書で用いられる例文中でアンダーラインをした表現

は、非常に応用範囲の広い重要表現ですので、巻末付録としてまとめてあります。

---

共通主語 We による因数分解と受身形表現への変換

① **We have developed a new material, <u>composed of boron and carbon</u>.**
（我々は、ボロンとカーボンから成る新しい材料を開発した。）

② **We have sintered <u>boron and carbon powders</u> at 2000°C.**
（我々は、ボロンとカーボンの粉末を 2000°C で焼結させた。）

③ **We have found that the boron-to-carbon ratio <u>varies from 1 to 4</u>.**
（我々は、ボロンとカーボンの組成比が 1 から 4 と変化することを見出した。）

---

上記三つの文①、②、③は、すべて第 3 文型（S + V + O 型）で書かれていますが、これらを共通主語 We で因数分解し、各文を受身形変換すると、以下のように書き換えられます。ただし、受身変換後の共通修飾語 by us は省略します。

---

①′ **A new material, composed of boron and carbon, has been developed.**
（ボロンとカーボンから成る新しい材料が開発された。）

②′ **Boron and carbon powders have been sintered at 2000°C.**
（ボロンとカーボン粉末が 2000°C で焼結された。）

③′ **The boron-to-carbon ratio has been found to <u>vary from 1 to 4</u>.**
（ボロンとカーボンの組成比は 1 から 4 まで変化することがわかった。）

---

変換後の文①′、②′、③′は、すべて第2文型（S＋V＋C型）になっています。文の数は変わりませんが、主語が「人」ではなく「物」に替わるだけではなく、科学的情報がより明確になっています。また、ジャーナル投稿論文英語として十分なものと言えます。

---

### It を主語に用いた構文

　主語が「人」でも「物」でもない場合、つまり、It を用いるような表現を解説します。中学・高校の英語で習ったこの表現は、ジャーナル論文英語にも適用できますが、少し注意が必要です。なお、主として会話英語で用いられる慣用主語としての It は、ここでは省きます。

　It を主語とする代表的な文例を挙げますと、以下のようになります：

---

　①　**It is well known <u>that</u> air <u>is composed of</u> ～20% oxygen <u>and</u> ～80% nitrogen.**
　（空気が約20％の酸素と約80％の窒素からできているのは周知の事実である。）

　②　**It is too premature <u>to</u> incorporate artificial intelligence in vehicle control systems.**
　（人工知能を自動車制御システムに組み込むのは時期尚早である。）

　③　**It is Dr. Shiraishi <u>that</u> (who) invented electrically conductive plastics.**
　（導電性プラスチックを発明したのは、白石先生である。）

　④　**It is electrically conductive plastics <u>that</u> Dr. Shiraishi has invented.**
　（白石先生が発明したのは、導電性プラスチックである。）

---

ここで、①と②の It は、それぞれ、that 節と to 不定詞を受ける仮主語ですが、③と④は、It ... that(who) の強調構文になっていることです。ジャーナル論文英語としての適性は、①＞②＞③＝④の順になります。つまり、②は少し口語調であり、③、④で用いられている強調構文は（間違いではありませんが）叙述的表現で科学論文には馴染まないからです。

---

**重要表現のまとめ**

▶ boron and carbon powders（ボロンとカーボン粉末）
　これも一種の因数分解ですが、ボロン粉末とカーボン粉末共通の名詞で因数分解すると powder が複数形になります。

▶ be composed of ... and ...（…と…から成る）
　混合材料のときの成分を示す表現で、よく使われますので覚えておいてください。

▶ vary from ... to ...（…から…まで変化する）
　ある範囲で何か（パラメータ等）が変化する場合の決まり文句です。

---

## 2-3　科学英語基本ルール #3：時制は、いつも過去か？

　科学英語基本ルール #2 で解説した文の主語と同様に、論文を書き始めてすぐ疑問に思うのが動詞の時制です。研究の遂行に当たって行った動作は、論文執筆時点から見れば、全て過去のものです。それでは、論文中で研究の「方法」や「結果と考察」セクションの文を全て過去形で書くのでしょうか？　答えは No です。その理由は、ジャーナル論文英語では、述語動詞の時制を使い分けることで事象の時系列を示す必要があるからです。

（1）　**過去形**：過去に起きた事象・動作を表現する場合に使う時制。ただし、その事象・動作の結果が現在まで維持されていないかも

しれないというニュアンスがあります。したがって、訂正目的以外、自らの研究結果を述べるときには過去形を用いないこと。

- 「緒論」で過去のデータ・発見を引用するとき；
- 「実験・理論」で現在は用いられない手法を述べるとき；
- 「結果と考察」で過去のデータ・発見を引用するとき。

（2） 現在完了形：過去に起きた事象・動作ではあるが、その結果が現在もそのまま維持・継続されている場合に使う時制。

- 「要旨」で当該論文中発表される主たる研究結果を述べるとき；
- 「緒論」で現在も継続的に用いられるデータや研究方法などを引用するとき；
- 「実験・理論」で当該研究で用いられた方法を述べるとき；
- 「結果と考察」で現在まで有効なデータ・発見を引用するとき；
- 「結論・まとめ」で当該論文中得られたデータ等を整理・総括するとき。

（3） 現在形：目前で観測できる事象や普遍的事実関係を表す場合。

- 「要旨」で研究の手法等を述べるとき；
- 「緒論」で当該研究分野の現状等を述べるとき；
- 「実験・理論」でルーチン的に繰り返される実験操作・理論計算過程を述べるとき；
- 「結果と考察」で普遍的事実を引用するとき、式の導出を説明するとき；
- 「結論・まとめ」で当該論文中得られた新しいデータ等を整理するとき。

（4） 未来形：高い確率で予想できるような未来事象を表す場合。

- 「結論・まとめ」で当該論文中得られた結果の未来への延長議論をするとき。

　以上をまとめますと、次の Table 1 のような時制ダイアグラムができます。これから、英語科学論文の「時制の重心」は、過去形ではなく、現在完了形・現在形であることがわかります。これを本書では、**科学英語基本ルール #3** と呼びます。実際、ネイティブスピーカー著の論文をフォロー

Table 1　科学論文 時制ダイアグラム

| 論文のセクション | | 使用する時制 | |
|---|---|---|---|
| 要旨（Abstract） | | 現在完了形・現在形 | |
| 緒論（Introduction） | 過去形 | 現在完了形・現在形 | |
| 実験・理論（Experimental/Theory） | 過去形 | 現在完了形・現在形 | |
| 結果と考察（Results and Discussion） | 過去形 | 現在完了形・現在形 | |
| 結論・まとめ（Conclusion） | | 現在完了形・現在形 | 未来形 |

すると過去形が全く使われていない場合すらあります。

　ところで、一般の英文法教科書を見ると、現在完了形に対して過去の一時点を基準にとる過去完了形時制や未来の一時点を基準にとる未来完了形時制がありますが、ジャーナル論文ではほとんど見かけません。これは、科学論文では、言外に執筆時点を時間の基準点とするというルールがあるからと考えられます。また、筆者の知る限り、現在進行形・過去進行形が英語科学論文で用いられることはありません。これは、通常、現在・過去進行形動作の主語が人または人格を与えられる生物であることが多いためであろうと考えられます。

　以下に、具体的な四つの時制を使った文例を挙げておきます。

---

過去形の典型例

---

　"About a decade ago Hirooka et al. [23] first <u>attempted to</u> explain their observations, <u>using a model based on</u> the Fick's diffusion theory, but later they <u>took into account</u> trapped atoms to provide a better interpretation of the experimental data."

　（約10年前、Hirooka 等［参考文献-23］は、初め観測結果をフィックの拡散理論に基づいたモデルで説明しようとしたが、後に捕捉された原子を考慮して実験データにより良い解釈を与えた。）

この用例は論文の「結果と考察」セクションに出てきそうな一文で、観測結果の説明を試みたがうまくいかなかったというニュアンスが読み取れます。このような場合に過去形が使われます。

　重文後半の述語動詞にも過去形が使われていますが、これには「結果を表す不定詞」が続いていますので現在完了形に準ずるもので、改良を加えたことでうまく実験データを説明できたと述べています。ここでは、副詞 later を用いて二つの過去事象の時間的な推移を表現しています。

■ 重要表現のまとめ ■

▶ attempt to ...（…しようと試みる）
　　科学論文では、口語表現の try という言葉は、あまり使いません。

▶ using the model based on ...（…を基礎にしたモデルを用いて）
　　the model と定冠詞が付くので、かなり具体的しかも既知の理論が続きます。

▶ take into account ...（…を考慮する）
　　中学・高校の英語リーダーの教科書に出てくるこの表現は、科学論文にも使えます。take の後に into account が付いていてちょっと使い辛いかもしれませんが、全体で 1 語と考えてください。

現在完了形の典型例

"The diffusion coefficient of boron in carbon <u>has been measured to be</u> $D = 4 \times 10^4 \exp(-2.2 \,[\text{eV}]/kT)$, where $k$ is Boltzmann's constant."
　（カーボン中のボロンの拡散係数が $D = 4 \times 10^4 \exp(-2.2\,[\text{eV}]/kT)$ と測定された。ここで、$k$ はボルツマン定数である。）

　これは、「要旨」に出てきそうな一文です。前述のように、実験的測定

が過去の事象であっても、その評価結果が現時点まで引きずられていますので現在完了形になります。このように何かの最新データが得られたという場合には、必ず現在完了形を用いると覚えてください。逆に、この用例で過去形を用いた場合は、暗にその後新しいデータが取られたというニュアンスが含まれることになります。以下にこの場合の例を挙げます。

---

　"The diffusion coefficient of boron in carbon <u>was measured to be</u> $D = 4 \times 10^4 \exp(-2.2 \,[\text{eV}]/kT)$ by Katoh et al. [11]. Recently, however, Hirooka and Conn [13] have revaluated the data to be $D = 2 \times 10^4 \exp(-2.5 \,[\text{eV}]/kT)$."

　（ボロンのカーボン中の拡散係数は Katoh 等によって $D = 4 \times 10^4 \exp(-2.2\,[\text{eV}]/kT)$ と測定された［参考文献-11］。しかし、最近、そのデータは Hirooka と Conn ［参考文献-13］によって $D = 2 \times 10^4 \exp(-2.5\,[\text{eV}]/kT)$ と再評価された。）

---

　ついでながら、文献の引用には論文の著者名を出す場合と、単に数値等だけを引用する場合があります。ただし、この例文のように同じ物理量に対して二つのグループが異なるデータを出した場合は、論文著者名を入れた方がよいでしょう。また、セクション 3-6 で詳しく述べるように著者が 3人以上の場合の引用は Katoh et al.（加藤等：et al. はラテン語で「…等」の意味）としますが、著者が 2 人の場合は、Hirooka and Conn（廣岡とコーン）のように両方の名前を出します。

## 重要表現のまとめ

▶ be measured to be ...（…と測定された）
　実験データを記述するときの決まり文句です。

▶ ..., where $k$ is the ... constant（ここで、$k$ は…定数である）
　数式の後に文字の説明をするときの決まり文句です。ただし、where

の前に必ずコンマが要ることに注意してください。ここで、$k$ が特定の係数でない場合は、$k$ is a constant となります。

"First, a titanium sample is set in a holder embedded with a resistive heater and then heated up to 1000°C in the preparation chamber. This sample is then transported into the processing chamber where nitrogen plasma bombardment is conducted for surface modification."
（まず、チタンサンプルが抵抗ヒーター付きホルダーにセットされ、1000℃まで加熱される。そのサンプルは、次にプロセス容器に移され、そこで表面改質のための窒素プラズマ照射が行われる。）

これは「実験・理論」のセクションに出てきそうなくだりです。実験操作は、全て論文執筆の時点より過去の事象ですが、前述のようにルーチン操作は、普遍的事象として現在形で表現します。現在形は、「結果と考察」のセクションでも次のように用いられます。

"Pressure measurement data are converted into hydrogen concentration. The resultant data are plotted as a function of time in Fig. 1."
（圧力測定データは、水素の濃度に変換される。そして変換された結果は図-1 に時間の関数として示されている。）

ここでの事象を時系列に並べると、圧力測定→データ変換→図示になります。したがって、データの図示操作を現在の時点とすると、それ以前の事象は過去または現在完了となりますが、これらは「一連の操作」と考えられますので現在形で表されます。

▶ plasma bombardment is conducted（プラズマ照射がなされる）

何らかの（実験または理論的）操作を実施するという意味の表現とし
ては、conducted の代わりに executed や done を使っても構いません。

▶ be plotted as a function of ...（…の関数としてプロットされる）

グラフ説明に必ず出てくる表現で、慣用表現ですので of の後に続く
変数を表す名詞には冠詞は要りません。

---

未来形の典型例

---

"**Results obtained in the present work <u>warrant further research on</u> the
spaceship development. Clearly, there are several technical issues, which
may take a while to be resolved. <u>It is</u>, nonetheless, <u>our expectation that</u>
the first manned spaceship to Mars will be launched within the next 10
years.**"

（本研究で得られた結果は、宇宙船開発のさらなる研究へと発展するも
のである。（しかし）明らかに解決に時間が掛かりそうな問題もある。しかし
ながら、我々は 10 年以内に有人宇宙船の第一号機が火星に向けて打ち上げ
られることを期待するものである。）

---

これは、「結論」の一文です。科学論文における未来形表現が用いられ
るのは、「結論」または「まとめ」に限られ、しかも、比較的確率の高い
事象の予想を表すときに限られます。今後の計画を述べる場合にも、次の
ように未来形の表現を使います。

> **"Tritium diffusivity measurements at temperatures above 2000°C will be conducted <u>after</u> the installation of an RF heating system <u>has been done</u>."**
>
> （2000°C 以上での三重水素の拡散率の測定は、高周波（RF）加熱システムが装着されてから行われる予定である。）

## 重要表現のまとめ

▶ warrant further research on ...（…のさらなる研究を誘起させる）

　warrant は馴染みがないかもしれませんが、この形で用いられる重要な動詞です。

▶ it is our expectation that ...（[我々は] …を期待するところである）

　これは、we expect that ... と同意ですが、科学英語基本ルール #2 により、主語に we を使いませんので、ジャーナル論文では、it を主語とする表現になります。

▶ after ... has been done（…がなされた後で）

　この表現が未来形の主文と用いられるときは、現在完了形が未来完了形の意味になります。

## 2-4　科学英語基本ルール #4：名詞の単数・複数の使い分けは？

　一般に、日本語では名詞の単複は、文の前後関係から推察できるのでわざわざそれを表現する必要はありません。あえて名詞の数量を表現したい場合は、「たった一人の…」とか「大勢の…」とかいう形容詞を使うことになります。

　したがって、英語における名詞の単複を理解して使い分けることは、日

本人にとって容易ではありません。もちろん、英語にも数量を表す形容詞を使う場合がありますが、区別が付きにくいのは、数量形容詞を使わない場合でしょう。

　本セクションでは、筆者の経験を基にして、科学ジャーナル論文用の英文中の名詞の単複の使い分け方や数量の表し方について、理工系英語に関連深い例文を挙げて解説いたします。なお、名詞の単複と次のセクションで解説する冠詞（不定冠詞・定冠詞）の用法は、密接に関連していますので、必要に応じて両者の関連も解説していきます。

　一般に、名詞は、以下のように分類されます：

---

### 普通名詞

---

　読んで字の如く最も普通に使われる名詞で、数えられる生物・物質・固体・事案を表します。したがって、普通名詞には単数形と複数形があります。

---

① **They have invented a <u>material</u>. (two <u>materials</u> も可)**
（彼らは、新しい材料を発明した。）

② ***Generally*, <u>metals</u> are hard. (<u>a metal is hard</u> は不可)**
（一般に、金属は堅い。）

③ **She likes <u>dogs</u>. (She likes <u>a dog</u> は不可)**
（彼女は、犬がすきです。）

---

　例文①の material は、普通名詞（可算名詞）ですので単数を表す不定冠詞が付いています。発明されたのが、二つの新材料なら two materials になります（例文カッコ内参照）。例文②の metal も普通名詞ですが、ここでは、金属全般の性質を表すために複数形を用いてあります。一般性を表す時は、単数名詞を使うのは論理的に矛盾します（例文カッコ内参照）。一つの覚

え方ですが、例文②のように、文頭に「一般に（*Generally*）」等の副詞がある場合（を付けられる場合）、文の要素（この場合は、主語）たる名詞が複数形になるとルール付けできます。ついでながら、このときの動詞は、三人称複数形に対応するものになります。例文③のように、このような副詞が入っていなくても、言わずもがなで一般性が読み取れるときは、動作の対象（この場合は、目的語）となる普通名詞は、複数形となっています。

---

物質名詞

---

　一般に、物理的な区切りを付けることが困難な物質や事案を表す名詞で、不可算名詞です。以下にいくつかの例を挙げます：

---

① **Tungsten is a metal.**
（タングステンは、金属である。）

② **Water is a liquid, but ice is a solid.**
（水は、液体であるが氷は固体である。）

---

例文①、②の文の主語：tungsten と water、ice は、どれも区切りを付けることが困難な不可算物質名詞です（例文②については、セクション 2-1 参照）。逆に、metal や liquid、solid は、普通名詞ですので不定冠詞が付いています。
　一般に、物質名詞に直接不定冠詞を付けることはありませんが、以下のように、一定の尺度、分量を表す表現と共に使われる場合もあります。

---

③ **She brought me *a cup of* coffee. (She brought me a coffee は不可)**
（彼女は、カップ一杯のコーヒーを持って来てくれた。）

---

ここで、コーヒーの量を表す尺度は、a cup of という表現です。逆に、物

質名詞でもある限定された範囲（容積内）のそれを表す時は、以下の用例のように定冠詞を付けます。

---

④　**The oxygen *in this cylinder* is purified to 99.99%.**
（このボンベの酸素は、純度99.99％である。）

---

　複数形がない物質名詞は、単独で主語になれば、三人称単数扱いされますが、二つ以上の物質名詞が主語になれば、当然ながら、三人称複数扱いになりますので注意してください。以下に例を挙げます：

---

⑤　**Helium and argon *are* inert gases.**
（ヘリウムとアルゴンは、不活性気体である。）

---

ここで、例文⑤は、S＋V＋C文型ですが、主語が2種類の気体を表す時は、補語になるgasesも普通名詞複数形になります。

---

抽象名詞

---

　性質・概念・動作など無形なものを表す不可算名詞です。したがって、不定冠詞が付くことはありません。案外知られていないルールとしては、抽象名詞に後ろから修飾語（句）が付く場合、必ず定冠詞が付くことです。以下に例を挙げます：

---

①　**It is of critical <u>importance</u> to resolve these technical issues.**
（これらの工学的問題点を解決することが、非常に重要である。）

②　**The improvement of products quality must never be failed.**
（製品の品質向上は、絶対失敗してはならない。）

---

日本人的感覚では、抽象名詞（不可算名詞）であるが科学英語では、普通名詞（可算名詞）として扱われるためしばしば誤用されるものとして次のようなものがあります。

---

③　**A significant <u>increase (decrease)</u> in phase transition temperature has been observed.**
（相変態温度のかなりの上昇（降下）が観察された。）

---

同様な可算名詞としては、reduction 等があります。ここで、注意していただきたいのは、phase transition temperature に定冠詞なしで in が付いていることです。詳細は、セクション 2-5 で解説します。

---

集合名詞

---

　同種・同類のものを集めた団体・グループを意味する名詞で、通常、単数形で用いられますが、以下の例文のように異種団体を意味する場合は、複数形で用いられることもあります。また、集合名詞単数形でも三人称単数扱いと複数扱いとがあり、非常に使い辛い名詞ではありますが、幸い理工系英語での使用は限られています。

　中学・高校の英語のリーダーに出てくる最も簡単な例は、

---

①　**My family <u>has</u> moved to New York this winter.**
（私の家族は、この冬、ニューヨークに引っ越しました。）

②　**My family (members) <u>are</u> all doing well in New York.**
（家族は、ニューヨークで全員元気でやっています。）

---

例文①では、家族を一つの団体として見なし、例文②では、カッコ内に示

したように家族の構成員個人を意味しています。もう少し、理工系英語に関連する例文を挙げますと、

---

③　**The program committee <u>has</u> reached a conclusion on that proposal.**
（プログラム委員会は、その提案に対して結論に達した。）

④　**The program committee (members) <u>are</u> not all in agreement.**
（プログラム委員会は、全員が合意したわけではない。）

---

この他にも、同様な集合名詞としては、faculty（学校教職員）、class（クラス）、staff（スタッフ）等があります。筆者の滞米 15 年を通じた経験から申し上げると、読者の皆さんは、これら集合名詞の用法に関する混乱を避けるため例文②、④のように members を入れて作文することをお勧めします。

---

固有名詞

人名や団体固有の名称を固有名詞と言います。これは、集合名詞以上に理工系英語での使用頻度が限られていますが、以下の用例だけは、覚えておいてください：

---

①　**Boltzmann's constant is $1.3806488 \times 10^{-23}$ m$^2$ kg s$^{-2}$ K$^{-1}$**
（ボルツマン定数は、$1.3806488 \times 10^{-23}$ m$^2$ kg s$^{-2}$ K$^{-1}$ である。）

②　**The Boltzmann constant is $1.3806488 \times ^{-23}$ m$^2$ kg s$^{-2}$ K$^{-1}$.**
（ボルツマン定数は、$1.3806488 \times 10^{-23}$ m$^2$ kg s$^{-2}$ K$^{-1}$ である。）

---

例文①では、人名 Boltzmann の所有格を用いてボルツマン定数としていま

すが、例文②では、人名 Boltzmann をそのまま用い、constant に掛かる定冠詞を付けています。どちらも正しい表現です。

名詞単複判断の実例

　各種名詞の文法的解説を読んだだけでは、実際の理工系ジャーナル論文の英語は書けません。実際、筆者は、論文タイトルの名詞単複の判断から困ってしまう大学院生を何人も見ています。

　最後に実例を一つ挙げて本セクションの解説を終わります。たとえば、「我々の実験施設で新しい実験が始まった。」という新聞の見出しのような日本文を英語にすると、たいていの人が、以下のような英語を書くでしょう。

---

①　***A* new experiment** has begun in our facility.
②　***The* new experiment** has begun in our facility.
（我々の施設で新しい実験が始まった。）

---

文頭の冠詞が不定冠詞でも定冠詞でも、英文法的には間違っていません。しかし、よく考えると、不定冠詞の場合、実験が1回というのは変です。最初の1回ならわかりますが…。逆に、定冠詞には、限定性・既存性があるので初めて行われる新しい実験というニュアンスと整合性が悪くなります（セクション 2-5 参照）。ここで、筆者が提案するのは、実験を複数形にすることです。つまり、

---

③　**New experiments have begun in our facility.**
（我々の施設で新しい実験が始まった。）

---

これで、不自然な単数形で書かれていた例文①、②よりはるかに英語らしくなりました。筆者は、これを中部大・総研大の講義では、「無難の s（複

数形）」と教えています。

　しかし、まだ何かしっくりこないですね。それは、実験を主語としたS＋V文型だからです。文法的に誤りではありませんが、セクション2-1で述べたように、理工系ジャーナル英語でよく使われる受身表現S＋V＋C文型にすると以下のようになります：

---

④　**A series of new experiments have been conducted in our facility.**
（我々の施設で新しい実験が始まった。）

---

また、例文④のようにa series of ...（一連の…）を入れると、はるかに英語らしくなります。ついでに、「新しい」実験の意味を深読みすると、たとえば、今までにない実験条件とか実験方法とかを意味しているはずですので、さらに一歩進んだ英語にすると、

---

⑤　**A series of experiments have been conducted under some of the never-explored conditions in our facility.**
（我々の施設で新しい実験が始まった。）

---

以上、例文①〜⑤の日本語は、全て同じですが、英語表現のレベルには天地の差があります。仮に、実験だけでなく施設も新しい場合は、例文①や②のような英文では、newを2回使わざるを得ませんが、例文⑤のスタイルで書けば、newは、以下のように1回で済みます。

---

⑥　**A series of experiments have been conducted under some of the never-explored conditions in our <u>new</u> facility.**
（我々の施設で新しい実験が始まった。）

---

これらの例から学んでいただきたいのは、科学英語で名詞の単語の選択を決める時、最初に名詞の種類で判断し（普通名詞は複数形が無難）、複雑な用例では、日本語の表現にとらわれずに情報の実態・本質を考えてから英語にすることが肝要であるということです。これを本書では科学英語基本ルール #4 と呼びます。

---

## 2-5 科学英語基本ルール #5：定冠詞・不定冠詞の使い分けは？

---

　前セクションの名詞の単複同様に、英語にあって日本語にないものが冠詞です。したがって、名詞の単複の選び方同様、冠詞：不定冠詞・定冠詞の選び方は、日本人にとって非常に理解しにくいものです。読者の皆さんは、中学・高校の英語のリーダーまたは英文法の時間に、「初出は a（不定冠詞）、2 回目は the（定冠詞）」と習ったのではないでしょうか？　このルールも間違いではありませんが、理工系ジャーナル英語での冠詞の用法は、はるかに複雑です。しかしながら、前セクションで述べた名詞の単複と冠詞の選択には、実は密接な関係があり、それぞれの用法を統合整理すると案外合理的なルールを導き出すことができます。本書では、これを科学英語基本ルール #5 と呼びます。

> ### 不定冠詞

　不定冠詞 a、an は、元来、one から転化した形容詞の一種と考えられています。原義は、名詞の単数形に付けて「一つの」を意味するものです。また、それから派生して何か特定の集合の中の「…の一つ」、つまり、one of them（these, those）、one of the things of interest という意味も持ちます。

　一般に、不定冠詞には、以下のような機能・ニュアンスがあります：

（1）「特定のグループの中の一つ」を取りあげるという意味合い

> ① **A graphite sample** (= one of the graphite samples prepared) is mounted on a heating stage in the vacuum chamber.
> （グラファイト試料の一つが真空容器の中の加熱ステージに載せられる。）

例文①の A sample の不定冠詞は、カッコ内に示したように、いくつか用意されたサンプルの一つというニュアンスが込められています。逆に、一つしか用意されていなければ、オンリーワンの意味を込めて後述の定冠詞を使う必要があります。

（2）「世の中に五万とある物の一つ」を取りあげるという意味合い

> ② **A schematic diagram** (= one of the possible styles of all drawing the schematic diagram) of the experimental setup used in the present work is shown in Fig. 1.
> （本研究で用いられた実験装置の模式図が、図-1 に示されています。）

例文②の A schematic diagram の不定冠詞は、模式図の書き方は、カッコ内に示したように、世の中に種々様々あり、そのうちの一つという意味が込められているからです。逆に、定冠詞を使うと模式図の書き方は、一つしかないという意味になります。実際、その後の the experimental setup の定冠詞は、本研究で用いられた（限定された）実験装置を意味しています。

（3）「現存しない（出現する）新しいもの」を取りあげるという意味合い

> ③ **An (new) experimental facility** is currently under construction on campus.
> （［新しい］実験施設が現在キャンパスに建設中である。）

例文③の An (new) experimental facility の不定冠詞は、現存しないが、カッコ内に示したように、これから出現するという新しい実験施設というニュアンスを表しています。したがって、わざわざ new を入れる必要はありません。

---

④　**They have invented a (new) material.**
（彼らは、［新しい］材料を発明した。）

---

前セクションで挙げた例文ですが、a material は、これまでなかったが、たった今出現した新しい材料という意味が込められています。したがって、この例文でも new は要りません。もちろん、種々様々な新しいものの一つというニュアンスも含まれています。

---

定冠詞

定冠詞 the は、元来、that から転化した形容詞の一種と考えられています。原義は、単数名詞に付けて「その…」を意味し、個体を限定するための修飾語と考えられます。したがって、一般性を表す名詞の複数形には、定冠詞は付けられません。ただし、一つの集団に属するものであれば、these、those に相当する意味合いで複数名詞にも付けられます。

定冠詞には、次のような機能・ニュアンスがあります：

（1）「個体を限定する」という意味合い

---

①　**The sample mounted on a heating stage** was bombarded with a 10 keV hydrogen ion beam at a high temperature of 500°C.
（加熱ステージに載せられた［その］試料は、500°C という高温下 10 keV の水素イオンビームで照射された。）

---

例文①は、不定冠詞の例文①に対応するもので、加熱ステージに載せられ

た試料という個体限定の意味が込められています。つまり、意味の上で the = that です。

**（２）「既存・周知の対象」という意味合い**

> ②　It is <u>the theory of relativity</u> developed by Dr. Einstein that has en-
> abled us to produce nuclear energy.
> 　（核エネルギーを作れるようになったのは、Einstein 博士の相対性理論
> のおかげだ。）

例文②は、強調構文 it ... that ですが、the theory of relativity に定冠詞が使われているのは、それが既存・周知の理論であるというニュアンスを表しています。これは、不定冠詞が未知・新規のニュアンスを持つのと好対照と言えます。

**（３）「共通のつながりを持つ固体の集合体」を表す場合**

> ③　The United States of America is a large country.
> （アメリカ合衆国は、大きな国である。）
>
> ④　The Beatles is coming to Tokyo.
> （ビートルズが東京にやってくる。）

例文③、④ともに見かけ上の主語は、普通名詞の複数形で三人称複数扱いになるはずですが、あえて定冠詞を付けて非常に強い共通のつながりを持つ集合体を表す場合は、三人称単数扱いとなります。定冠詞の限定性は、それほど強いということです。

（4） 「物理量を表す名詞」に付ける場合

⑤　**The voltage** between the two electrodes is set at 100 V.
（二つの電極間の電圧は 100 V にセットされる。）

⑥　**The processing temperature** is an important parameter to determine the quality of resultant products.
（加工温度は、最終的な製品の質を決める重要な因子である。）

例文⑤、⑥は、（1）〜（3）までの定冠詞の用法と全く異なり、理工系英語独特の用法と言えます。つまり、voltage（V）、temperature（K）、pressure（Pa）、current（A）等の物理量で独自の「単位」を持つようなものは、初出でも定冠詞を付けます。ただし、以下のように慣用句の中では、定冠詞を付けません。

⑦　**Shown in Fig. 5 are the pressure data plotted as a function of temperature.**
（図-5 に示したのは、温度の関数としてプロットされた圧力データである。）

## 2-6　科学英語基本ルール #6：前置詞に理科系用法はあるか？

　前置詞も日本語にはない品詞ですが、機能的には助詞に近いものがあります。しかし、ほとんどの日本人が助詞同様に英語の前置詞も場当たり的に選んで使っているのではないでしょうか？　実は、かく言う筆者自身も、口語・論文英語における前置詞の使い方に理科系用法のようなものがあることに気が付いたのは、15 年の滞米生活の終盤でした。本書では、これを科学英語基本ルール #6 と呼びます。

　読者の皆さんが in や on など場所を表す前置詞以外によく使うのが about でしょう。しかし、理科系ジャーナルでこの前置詞を見かける頻度は案外限られています。これは about を使う動詞が人や生物を主語にする自動詞が多く、しかも、主観的な考え（感情）を表現する場合が多いようです。

　たとえば、think（考える・思う）を自動詞として使うと

---

**"We thought about measuring the temperature."**
（我々は、温度測定を考えた。）

---

は、プレゼンには使えても論文英語には使えない表現です。同じ内容は、（客観的）考えを表す他動詞 consider を用いて受身形で表現すると、

---

**"Temperature measurements were considered."**
（温度測定が考えられた。）

---

となり、正しい論文英語になります。同様に feel（感じる）・fantasize（空想する）も主観的感情を表す自動詞で about が続きます。つまり、about は主観的思考・感情に関連する動詞とともに用いられることが多いので、論文中で見かけなくなるわけです。

　筆者の論文査読経験で、日本人が筆者の論文にしばしば見られる誤りは、

---

**"We have investigated about the source of radiation."**
（我々は、放射能源を調査した。）

---

です。この文の動詞 investigate は他動詞ですので、about は必要ありません。

仮に、この文を以下のように受身形にしても

> **"The source of radiation has been investigated."**
> （放射能源が調査された。）

となり、about は要りません。論文査読をしていて同様な間違いが見られるのが discuss（議論する）で、これも他動詞ですので about は（プレゼン英語も含めて）絶対に続けないでください。

　それでは理科系論文中どんなときに about を使うかというと、

> **"The information about the source of radiation has been obtained from UCLA."**
> （放射能源に関する情報は、UCLA から入手された。）

のように名詞に続くような場合がその典型的な用法と言えます。しかし、about の代わりに最近の米語では、後述する on を使う傾向がありますので、ますます、about の出番が少なくなるわけです。

> On の理科系用法：場所を表す以外に「…に関する」の意味で使われる

　場所を表す前置詞としての on に関する解説は、ここでは割愛します。むしろ、最近の傾向として、前項の about の代わりに使われるようになってきたことに注意してください。先ほどの例文は、以下のように書いても全く差し支えありません。

> **"The information on the source of radiation has been obtained from UCLA."**
> （放射能源に関する情報は、UCLA から入手された。）

この場合の on は、concerning ... や as to ...（…に関して）と同じ意味で、

---

**"The information concerning (as to) the source of radiation has been obtained from UCLA."**
（放射能源に関する情報は、UCLA から入手された。）

---

としても論文英語として使えます。

> In の理科系用法：場所を表す以外に「…という意味で」の意味で使われる

　場所を表す前置詞としての in に関する解説は、ここでは割愛します。これも論文英語独特の in の用法ですが、次のような例では in terms of ...（…に関して）や in the sense that ...（…という意味で）の省略形として用いられます。以下にその例を挙げておきます。

---

**"The sample is 3 cm in diameter."**
（試料は直径 3 cm である。）
**"The deposited film was 20 $\mu$m in thickness."**
（蒸着された皮膜は厚さ 20 $\mu$m であった。）

**The change in melting temperature has been found to be rather significant.**
（融点の変化は、大変顕著であった。）

---

　これらの例文の in の後に続く名詞が単数の可算名詞（diameter、thickness）でも冠詞なしで用いることに注意してください。これらは、セクション 2-5 で述べた定冠詞を必要とする物理量を表す名詞としてではなく、それ自身が「変数」として扱われているからです。

　日本人のほとんどの人にとって、この前置詞も理科系論文中では使いづらいでしょう。つまり、中学・高校の英語の授業で習ったのは、with は、「…とともに」という意味だったからです。しかし、理科系テクニカルライティングでは、この意味で with を使うのはまれと考えてください。

　それでは、with の理科系用法の例を挙げますと、

---

　"The light intensity at a wave length of 6563.2 Å was measured with optical spectroscopy."

（波長 6563.2 Å の光強度が<u>分光法</u>により測定された。）

---

ここでは、with は by means of …（…の手段で）と同じ意味で使われています。ところが、「（具体的な道具としての）分光器を用いて…」と書き換えると、

---

　"The light intensity at a wave length of 6563.2 Å was measured by an optical spectrometer."

（波長 6563.2 Å の光強度が<u>分光器</u>を用いて測定された。）

---

となります。ここで、前述の with が抽象的な手段や学術的方法論を表すのに対して by は、より具体的な装置・道具や方法を表すことに注意してください。一般に by は using と相互に置き換えられますが、いずれも方法を表すときは、the … method と呼べるほど周知のものまたは自明なものに限られます。ただし、筆者の知るところ、論文のタイトル中には using のような動詞の現在分詞を使わない不文律があるようです。

---

> Via の理科系用法：場所の経由地点より「現象・プロセス」の経過を表す

　本セクションの最後は、あまり見慣れない前置詞 via です。一般的には、地理的な経由地点を表す前置詞ですが、理科系論文では何らかのプロセスを経て次の段階に達するという意味に使います。たとえば、

---

**"When it is heated to temperatures above 100℃, water turns into a gas via vaporization."**

（水が 100℃以上に熱せられると、蒸発して気体に変化する。）

---

のように用います。この場合 via の後に続くプロセスは、抽象的なものと考えてください。

　この例文で it と water の出現の順番が反対のように思うかもしれませんが、複文の場合は、主節に真の主語 water、従属節に代名詞 it を用いるのが原則だからです。

---

## 2-7　科学英語基本ルール #7：関係詞は which と where だけ？

---

　関係詞には、関係代名詞・関係副詞と、聞き慣れないかもしれませんが関係形容詞があります。関係詞は、理科系テクニカルライティングに不可欠な修辞法です。ご存知のように、以下のような関係詞があります。

（1）　関係代名詞：that, **which**（of which, whose）, who（whose, whom）, what, whatever

（2）　関係副詞：**where**, when, whereby, how, why, wheneven, however, whoever

（3）　関係形容詞：**which**, whichever

しかしながら、これらの関係詞のうち理科系論文中で見られるのは、太字で示した関係詞のみです。残りの関係詞は、口語・プレゼン英語では使われても、論文英語には不適当です。

なお、whereby は、いわゆる文語表現でまれに論文中に見かけますが、これは、英語の簡素化が進行する近年、むしろ例外的な用例と考えていただいてよいでしょう。結局、理科系の皆さんは、which と where の用法さえマスターすればよいのです。また、叙述的表現に用いられる -ever 形の関係詞は、理科系の論文には用いられません。これらを本書では科学英語基本ルール #7 と呼びます。

---

### 関係代名詞 which の用法

　関係代名詞 which の用法で、理科系テクニカルライティングで最も一般的なのは、その目的格としての用法でしょう。これには限定的用法と非限定的（継続的）用法があり、前者はその直前の名詞を受け、後者はむしろ前文（主文）の内容全体を受けて関係詞の中の文（複文）につなぎます。一例ずつ挙げておきますと、

> "The plasma density behavior which our theory predicted has exhibited good agreement with the experimental data measured with optical spectroscopy."
>
> （理論から予想されたプラズマ密度挙動は、分光法で測定された実験データとよく一致した。）

これが which の「限定的用法」です。これに対して、

> "A new planet in the solar system has been discovered, which no doubt will re-ignite the enthusiasm of space exploration in the 21st century."
>
> （太陽系に新たな惑星が見つかった、そのことは 21 世紀の宇宙探査への情熱を間違いなく再燃させるだろう。）

のように、主文全体の内容を受けて関係詞以降の複文へ続ける場合は、「非限定的（継続的）用法」と呼ばれます。この場合、which の前にコンマが入ります。おそらく読者のほとんどの皆さんがこの二つの用法をご存知と思いますので、これらの基本的用法のおさらいはこのくらいにしておきましょう。

　日本人が最も不得意とするのは、関係代名詞の所有格としての用法でしょう。皆さんご存知の関係代名詞 which の所有格は whose です。しかし、通常、whose の先行詞は人物か人格を与えてもよいと考えられる物または動物ですので、理工学系のテクニカルライティングでは、このような状況は現実にはほとんどありません。したがって、which の所有格として用いられるのは of which です。たとえば、

---

**"I have repaired a car, <u>the engine of which</u> was overheated yesterday."**
（昨日、エンジンがオーバーヒートした車を修理した。）

**A copper tube, the inner <u>diameter of which</u> is 10 mm, is used in this measurement.**
（この測定には、内径が 10 mm の銅管が用いられる。）

---

もう少し複雑な例としては、以下のようなものもあります。

---

**"One speculates two possibilities for the observed increase in edge plasma density: (1) increase in gas recycling from the wall; or (2) increase in edge electron temperature, the <u>former of which</u> is believed to be more likely in our experiment."**

（観測された周辺プラズマ密度の増加に関して二つの可能性が推察される：（1）壁からのガスのリサイクリングの増加；または、（2）周辺電子温度の上昇であるが、そのうち、後者の方が我々の実験施設には可能性が高いと思われる。）

---

いずれも、コンマが先行詞の後に入っていることに注意してください。ちょっと複雑な用法ですが、科学論文を書く上でこの表現を避けて通ることは難しいと言えます。しかし、だからといって先行詞が「物」であるのを知りながら強引に whose を使うのは、英語論文・プレゼンを問わず絶対にやめてください。

## 関係形容詞としての which の用法

　読者の皆さんの中には、中学・高校の英文法の教科書に関係形容詞が出てこなかったという方もいらっしゃるでしょう。しかし、用法としては、先の of which ほど複雑ではなく、「コンマ＋前置詞＋関係形容詞＋名詞」の構造を持ち、関係形容詞としての which が前文（主文）の内容を受けるという、ある意味では、前述の非限定的（継続的）用法に似ています。

　この形式で使われる関係形容詞の代表的な用法は次の三つです。

（1）　..., in which case（if it happens in that case と同意）、
（2）　..., during which period［time］（if it happens during that time と同意）
（3）　..., by which time（if it happens by then と同意）

があり、実際には次のように使います。

---

　"While the hydrogen concentration in a metal increases, the external hydrogen pressure might remain unchanged, <u>in which case</u> one must assume that the metal-hydrogen system is thermodynamically in the two-phase region."

　（金属内部水素の濃度が増加しても外圧が変化しないかもしれない。そのときは金属-水素システムが熱力学的に２相状態に入ったと仮定するべきである。）

　"Hydrogen absorption by a metal continues until the thermodynamic equilibrium is established at the given temperature, <u>during which period</u>

---

one will see a continuous decrease in external hydrogen pressure.”

（与えられた温度での熱力学的平衡が成り立つまで金属による水素の吸収が起こる、その間、外部水素圧は連続的に減少する。）

最後の例文は、著者の経験に基づくものですが、

“Unfortunately, the US-Japan workshop on liquid metal plasma-facing components, organized by Chubu Univ., has been postponed until later in 2020, <u>by which time</u> the coronavirus sitnation will hopefully be under control.

（残念ながら、中部大学によって企画された液体金属プラズマ対向機器に関する日米ワークショップは、2020 年後半まで延期されましたが、その頃までにはコロナウイルスの拡散も何とか収まっているでしょう。）

---

関係副詞 where の用法

関係副詞 where にも限定的用法と非限定的（継続的）用法があります。たとえば、限定的用法の場合は、

“The experimental system has been added with a separate chamber <u>where</u> argon ion bombardment is conducted to ensure the cleanliness of the surface prior to film deposition to be done in the main chamber.”

（実験システムには、主チェンバーでの薄膜蒸着に先立って表面の清浄性を確実にするため、アルゴンイオン照射を行う別箇のチェンバーが付け加えられた。）

この例のように限定的用法の場合は、where ＝ in which で置き換えられます。
これに対して、非限定的（継続的）用法の場合は、たとえば、

> "Prof. Shirakawa visited UCSD, <u>where</u> he gave a seminar on his work awarded with a Nobel prize in chemistry."
>
> （白川先生は UCSD を訪問し、そこでノーベル化学賞を受賞した彼の研究に関しての講演を行った。）

この場合は、直接的な先行詞は USCD ですが、「…をする場所へ行った」ではなく、「…に行って、そこで…をした」という意味になります。

以上は一般的な解説でしたが、次のように、先行詞が関係副詞と離れている場合もあります。たとえば、次のような例では、

> "The sample is transported to a separate chamber, as shown in Fig. 2, where plasma-assisted film deposition is conducted."
>
> （試料は、図-2 に示されたように、プラズマによる薄膜蒸着が行われる別のチェンバーに輸送される［限定的用法］。
>
> 試料は、図-2 に示されたように、別のチェンバーに輸送され、そこでプラズマによる薄膜蒸着が行われた［非限定的用法］。）

where の先行詞は Fig. 2 ではなく a separate chamber です。このように限定的用法でも、関係詞の先行詞はその直前にあるとは限らないのです。なお、この例文のような実験操作を説明する文では、通常、現在形が用いられます（セクション 2-3 参照）。

---

## 2-8　科学英語基本ルール #8：接続詞の頻度は？

---

一般に、以下に挙げるように、英語の接続詞には等位接続詞と従属接続詞があります。

（1）　等位接続詞：and, but, or, besides, moreover, yet, however, nevertheless, nonetheless, for, so, then, therefore, thus など：これらは、主に文と文の間に挿入され**重文構造**を構成します。例を挙げますと、

> **"Water is a liquid, but ice is a solid."**
> （水は液体であるが、氷は固体である。）

この場合、二つの単文が but でつながれている重文です。

（２）　**従属接続詞**：that, if, whether（or not）, who, what, where, which, how, when, whenever, wherever, however, till, until, after, before, as, while, whereas, whilst, since, because, though, although, if, unless など：これらに続く文は、節（副詞節・形容詞節・名詞節）を構成し、全体としては**複文構造**をとります。次の例の場合は、if 以下が副詞節になるような複文です。

> **"Water becomes ice, if the temperature becomes lower than 0°C."**
> （もし、温度が 0°C 以下になれば、水は氷になる。）

　このセクションでは、主に前者、つまり、等位接続詞について解説します。その第一の理由は、その用法が、むしろ後者より前者の方が日本語と英語でその用法が違うこと。第二の理由は、従属接続詞のうちの重要なものが関係詞としても用いられることが多く、それら用法は、セクション2-7 にすでに解説されているからです。

　日本語では、等位接続詞は、文字通り文と文の間に入って潤滑剤的な働きをします。この習慣のため、日本人は英語でも接続詞を多用する傾向にあります。ところが、英語論文中の接続詞の使用はごく限られたものです。実際に、5～6 ページのジャーナル論文に一つも等位接続詞が見当たらないこともあります。つまり、英語論文中のパラグラフは、内容的な流れが変わらない限り接続詞を使わない。つまり、あるパラグラフから次のパラグラフに移るときに話の流れが逆転するときにのみ接続詞を使うからです。

さて、等位接続詞を目的別に分けると、

(1) 話の逆転：but, yet, **however, nevertheless, nonetheless**
(2) 話の継続・結論：so, then, **therefore, thus**
(3) 理由の説明：for
(4) 物事の追加：and, besides, moreover
(5) 物事の選択：or

となります。このうち、理科系の論文英語に使われるのは、主として上記の太字のものと考えてもよいでしょう。

例外的に論文中でも、短い語句と語句を結ぶ場合には、等位接続詞が用いられます。たとえば、

---

**"A simple <u>but</u> high-precision method is used in the present work."**
（単純ながら高精度な方法が本研究で用いられた。）

---

一般的に、理科系論文英語における大切なルールは、主要な等位接続詞（以下、単に「接続詞」と呼ぶ）は、一つのパラグラフ中に1回かそれ以下しか使われないということで、案外知られていません。これを本書では、科学英語基本ルール #8 と呼びます。これは、理科系論文では、パラグラフの中では話の逆転や大きな論理の展開はなく、むしろ、一つのパラグラフから次のパラグラフに移るときに逆転・結論の展開があるからです。以下に連続する二つのパラグラフの例を挙げておきます。

---

**"An exploration vehicle has recently landed on the surface of Mars where it is believed that living things existed, <u>but</u> were extinct because of the severe environmental change. The mission of the Martian vehicle is to find out the evidence of these living things, if any."**
（ある期間生物が存在した<u>が</u>、急激な環境の変化のために絶滅したと信じられている火星の表面に探査用の車両が着陸した。この火星探査車両の

---

目的は、何らかの生物の証拠を探すことである。)


"After 20 days of investigation, <u>however</u>, the NASA has concluded that they have not found any evidence indicative of living things on Mars. Despite that, they are planning to launch another rocket with an exploration vehicle which has higher sensitivities of environmental gas analysis."

（<u>しかしながら</u>、20 日にわたる捜査の結果、NASA は、火星表面に生物の証拠は見つからなかったと結論した。それにもかかわらず、より高い大気分析感度を持つ探査車両を積んだロケットをもう 1 台打ち上げる予定である。）


　まず、初めのパラグラフの中では、前述の例外的 but だけしか使われていません。二つめのパラグラフには、話の逆転を表すための however があるだけです。また、後半の Despite that は、2 回目の however や nonetheless の使用を避けるための語句です。

# 3 英語ジャーナル投稿論文の書き方

## 3-1 「要旨：Abstract」の書き方
### ⟶ 研究結果のエッセンスのみを述べる

　アブストラクト（要旨）は論文第1ページのタイトル・著者とその所属・住所ラインのすぐ下に位置し、論文内容のエッセンスをまとめた短い文ですが、非常に重要な役割を担っています。すなわち、アブストラクトを見て読者がその論文全体を読むか否かを決めるわけで、言い換えれば、論文の「顔」に相当し、アブストラクトの書き方いかんで論文が日の目を見るか否かが決まってきます。したがって、アブストラクトの英文が文法的に間違っている場合や内容が不明瞭な場合は、命取りになります。

　また、最近ではインターネットによる文献検索が常識化してきましたので、論文アブストラクトの重要性が再認識されつつあります。たとえば、Google Scholar のような文献データベースを用いて論文検索をすると、入力したキーワードに対して論文タイトル・著者・出典情報（雑誌名・発行年等）とアブストラクトまでが出力されます。したがって、この場合もアブストラクト次第で論文全体を読むか、つまり、論文の PDF ファイルを（有料）ダウンロードするかを決めることが多いようです。実際、本書筆者は、

アブストラクトを判断基準にしています。

　以下にアブストラクトの数例を挙げて、その書き方を解説します。新しい実験装置を製作し、その性能試験を行ったという論文のアブストラクトです。ここでは、英語表現のレベルに関して中・上級者、初心者バージョンに分けて同じ内容を書き分けて解説します。ただし、初心者バージョンでもジャーナル掲載論文のレベルに達するものですので安心してください。

---

アブストラクト：例-1（中・上級者バージョン）

---

　**A new linearly magnetized plasma facility: VEHICLE-1 has been built to evaluate liquid metal plasma-facing component (LMPFC) concepts. Employing a 1 kW ECR source, this facility can generate steady-state hydrogen, helium, argon, oxygen and nitrogen plasmas with plasma densities around $10^{10}$ cm$^{-3}$ and electron temperatures between 5 and 10 eV. Unlike other facilities, VEHICLE-1 allows us to conduct LMPFC test experiments in such a way that a standing liquid in a tray is exposed to a vertically flowing plasma, or that a liquid metal running on a slope is bombarded with a horizontally directed plasma.**

　（液体金属プラズマ対向機器（LMPFC）概念を評価するための新しい線型磁場プラズマ装置（VEHICLE-1）が製作された。出力 1 kW の ECR 源を用いて、VEHICLE-1 は、定常運転の水素、ヘリウム、アルゴン、酸素、窒素プラズマを生成することができ、その密度は $10^{10}$ cm$^{-3}$ 程度、電子温度は 5 eV から 10 eV までである。他の装置にない特徴として、この装置では、LMPFC 評価試験が垂直方向から入射してくるプラズマに皿に入れられた静止液体が照射されたり、水平方向から入射するプラズマに斜面を流れる液体が照射されたりできることが挙げられる。）

この例では、新しい実験装置の生成できるプラズマの種類と特性、特筆すべき性能とが短いパラグラフに述べられているだけですが、論文のアブストラクトとしては、これで必要にして十分です。まず、この英文の時制ですが、通常、アブストラクト最初の文は、「現在完了形」で書くと覚えておいてください。また、この後に続くこの装置の性能・操作を述べる文では、全て「現在形」が用いられていることに注意してください。ただし、新しい結果（データ）が出たという記述には、現在完了形が用いられると覚えてください。

　これを初心者バージョンに書き改めると、以下のようになります。

---

アブストラクト：例-1（初心者バージョン）

---

　A new plasma facility: VEHICLE-1 has been built to test the concept of liquid metal plasma-facing components (LMPFCs). This facility can generate steady-state hydrogen, helium, argon, oxygen and nitrogen plasmas. The plasma density is of the order of $10^{10}$ cm$^{-3}$ and the electron temperature varies between 5 and 10 eV. The VEHICLE-1 facility can be set in two positions to run experiments: (1) in the vertical position a plasma flows vertically down to the target; and (2) in the horizontal position a plasma is directed horizontally to the target.

（液体金属プラズマ対向機器（LMPFCs）を評価するための新しい装置（VEHICLE-1）が製作された。VEHICLE-1 は、定常運転の水素、ヘリウム、アルゴン、酸素、窒素プラズマを生成することができる。プラズマ密度は $10^{10}$ cm$^{-3}$ 台、電子温度は 5 eV から 10 eV まで変化する。この装置は、二つの姿勢にセットして実験することができる：（1）垂直姿勢では、プラズマは垂直にターゲットに入射し；（2）水平姿勢ではプラズマが水平方向に流れターゲットに入射する。）

いかがでしょうか？　中・上級者バージョンより英語がかなり簡単化されていますが、ジャーナル論文のアブストラクトとして立派に通用します。細かいことですが、2つのポジションの説明部分のコロン（：）とセミコロン（；）の使い方に注意してください。

さて、これらのアブストラクトを持つような論文を国際会議で発表したい場合、以下のように新しい装置を作成した理由、つまり、「研究の動機」とその装置を利用することで可能になる実験の持つ意味、つまり、「期待される成果」をひとこと入れることで（以下の網かけ部）、会議参加申し込み用アブストラクトに転換することができます。

アブストラクト：例-2（国際会議申し込み用：中・上級者バージョン）

**It is widely recognized that** plasma-facing components (PFCs) currently used in the pulsed operation mode would suffer from technical problems such as continuous sputter erosion in a steady state fusion reactor. **This argument points to a need for** enabling PFC concepts development. Compared with others, liquid metal plasma-facing component (LMPFC) concepts appear to be most promising. To evaluate these LMPFC concepts a new linearly magnetized plasma facility: VEHICLE-1 has been built in the present work. Employing a 1 kW ECR source, this facility can generate steady-state hydrogen, helium, argon, oxygen and nitrogen plasmas with plasma densities around $10^{10}$ cm$^{-3}$ and electron temperatures between 5 and 10 eV. Unlike other facilities, VEHICLE-1 allows us to conduct LMPFC test experiments in such a way that a standing liquid in a tray is exposed to a vertically flowing plasma, or that a liquid metal running on a slope is bombarded with a horizontally directed plasma. **It is our expectation that the data from this facility will provide fundamental understandings on** the interaction behavior between steady-state hydrogen plasmas and liquid metals.

（パルスモード実験に使われているプラズマ対向機器（PFC）を定常運転核融合炉に用いた場合、連続的スパッタリング損耗等が問題となるであろう。したがって、使用可能ならしめる PFC 概念を開発することが必要である。他のものと比較して、液体金属プラズマ対向機器（LMPFC）概念は、最も見込みがありそうである。そこで本研究では、LMPFC 概念を評価するための新しい線型磁場プラズマ装置（VEHICLE-1）が製作された。出力 1 kW の ECR 源を用いて、VEHICLE-1 は、定常運転の水素、ヘリウム、アルゴン、酸素、窒素プラズマを生成することができ、その密度は $10^{10}$ cm$^{-3}$ 程度、電子温度は 5 eV から 10 eV までである。他の装置にない特徴として、この装置では、LMPFC 評価試験が垂直方向から入射してくるプラズマに皿に入れられた静止液体が照射されたり、水平方向から入射するプラズマに斜面を流れる液体が照射されたりできることが挙げられる。この装置から得られるデータにより定常プラズマと液体金属の相互作用挙動に関する基本的な理解が得られるものと期待する。）

これを初心者バージョンにすると以下のようになります。

アブストラクト：例-2（国際会議申し込み用：初心者バージョン）

To solve technical problems with plasma-facing components (PFC) to be used in a steady state fusion reactor, the use of liquid metals (LM) for PFCs has been proposed. A new plasma facility: VEHICLE-1 has been built to test liquid metal plasma-facing components (LMPFCs). This facility can generate steady-state hydrogen, helium, argon, oxygen and nitrogen plasmas. The plasma density is of the order of $10^{10}$ cm$^{-3}$ and the electron temperature varies between 5 and 10 eV. The VEHICLE-1 facility can be set in two positions to run experiments: (1) in the vertical position a plasma flows vertically down to the target; and (2) in the horizontal position a plasma is directed horizontally to the target. **The first results from these experiments will be presented at the upcoming conference.**

（定常運転核融合炉で用いられるプラズマ対向機器（PFC）の問題を解決するため液体金属（LM）のPFCへの利用が提唱された。そこでLMPFCを評価するための新しい装置（VEHICLE-1）が製作された。VEHICLE-1は、定常運転の水素、ヘリウム、アルゴン、酸素、窒素プラズマを生成することができる。プラズマ密度は $10^{10}$ cm$^{-3}$ 台、電子温度は5 eVから10 eVまで変化する。この装置は、二つの姿勢で実験することができる：（1）垂直姿勢では、プラズマは垂直にターゲットに入射し；（2）水平姿勢ではプラズマが水平方向に流れターゲットに入射する。最初の実験結果が今回の会議で発表される予定である。）

さて、これで論文用・国際会議参加申し込み用のアブストラクトの書き方の要点が理解していただけたことでしょう。以下に例文中にアンダーラインで示した重要表現をまとめます。

## 重要表現のまとめ

▶ unlike other existing facilities（他の装置とは異なり）
  最近の論文でよく使われるようになってきた表現で、むしろ、他の装置との差を強調するときに使います。

▶ in such a way that ...（…となるように）
  似た表現に in order that ... や so that ... がありますが、これらは「結果」を強調し、in such a way that ... は、むしろ結果に至る「やり方」を強調する表現です。so that には、「…となった」という結果を表す用法がありますが、in order that と in such a way that には、結果用法はありません。

▶ it is widely recognized that ...（…は、周知の事実である）

この場合の recognize は、「事実を認識する」の意味で使われます。

▶ this argument points to a need for ...（この議論が…の必要性を示す）

かなり高度な表現ですが、便利ですので覚えてください。なお、このときの need には、不定冠詞が付くことに注意してください。

▶ provide fundamental understandings on ...（…に基本的な理解を与えるものである）

これも論文独特の硬い表現ですが、中・上級者には覚えていただきたいものです。


## 3-2 「緒論：Introduction」の書き方
$\longrightarrow$ 研究の背景・動機を述べる

　ここでは、緒論の書き方を解説します。第1章で述べたように、このセクションで書くべきことは、あなたの研究の背景と動機ですが、ジャーナルへの論文投稿経験の少ない読者にわかりやすく言えば、一般に科学論文の緒論は、以下のように「起承転結」のストーリーを持つ四つのパラグラフで構成されると考えてください。

(1) 「起」：当該研究分野の歴史的背景；
(2) 「承」：関連研究の現状とその問題点（研究の動機）；
(3) 「転」：本研究と従来研究の差異（アプローチ比較）；
(4) 「結」：問題点解決の示唆（期待される研究結果）。

以下に、このルールにのっとって書かれた緒論の一例を挙げます。

In the magnetic fusion research community, <u>ever since</u> the discovery of the wall conditioning effect, leading to the Supershot-mode, in the TFTR facility at Princeton Univ., reduced particle recycling has been recognized as <u>one of the key conditions to</u> achieve high-performance core confinement. For this reason, <u>a variety of wall conditioning techniques,</u> including "boronization", have been applied in many plasma confinement devices.

（「起」：磁気閉じ込め核融合研究コミュニティーでは、プリンストン大学のTFTR装置でのスーパーショットモードを誘発する壁コンディショニング効果の発見以来、粒子の低リサイクリングが高性能プラズマ達成の鍵になる条件の一つであると認識されてきた。このため、「ボロニゼーション」を含めた種々の壁コンディショニング法が多くのプラズマ閉じ込め装置に適用された。）


However, conditioned walls will eventually be deconditioned, <u>by nature</u>, with implanted fuel and impurity particles, which then terminates reduced recycling conditions. The finite lifetime of <u>the efficacy of</u> wall conditioning necessitates the shutdown of plasma operation for reconditioning, which will <u>no doubt</u> limit the application of currently available wall conditioning techniques for steady state reactors in the future. This particle control argument clearly points to the need for enabling wall concepts development.

（「承」：しかしながら、コンディショニングされた壁は、いつかはコンディショニングされていない状態に戻り、結局、低リサイクリング条件を終息させてしまう。壁コンディショニングの効能が有限の寿命であるため、プラズマ運転を停止して再コンディショニングする必要が出てくる。これは、現在の壁コンディショニング法の将来の定常運転核融合炉への適用を限定

的にしてしまうに違いない。この粒子制御に関する議論は、［定常運転を］可能ならしめる壁の概念開発の必要性を示唆している。）

To provide a possible resolution to this technical issue, the concept of moving-surface plasma-facing component (MS-PFC) was first proposed by Hirooka et al. about two decades ago [1]. In this concept, the capability of particle trapping is continuously regenerated ex-situ and the resultant refreshed surface will again be brought in the edge of a fusion reactor to maintain reduced wall recycling.

（「転」：この問題に可能な解決策を提供するため、移動表面式プラズマ対向機器（MS-PFC）概念が Hirooka 等によって約 20 年前に初めて提唱された［参考文献-1］。この概念では、粒子捕獲能力が系外（炉外）で再生されリフレッシュされた表面が核融合炉内周辺部に戻され壁での粒子低リサイクリングを維持するというものである。）

The present work is intended to conduct a series of proof-of-principle (PoP) experiments on the MS-PFC concept to demonstrate reduced re-cycling even at steady state, using a linearly magnetized steady state plasma device: PISCES-B at UCSD. In these PoP experiments, instead of implementing an ex-situ system to regenerate the surface trapping ca-pability, the moving-surface of a rotating drum target is continuously gettered with evaporated lithium. In other words, the present work is to pilot the future possibilities of the use of lithium as a flowing liquid at the ultimate stage of MS-PFC development.

（「結」：本研究では、UCSD の線型定常プラズマ装置：PISCES-B を用いて移動表面式プラズマ対向機器（MS-PFC）概念の原理検証実験を行い、以て定常状態でもリサイクリング低減できることを実証しようとするものである。この原理検証実験では、系外の表面粒子捕獲能再生システムの代わりに回転ドラム型ターゲット移動表面に連続的にリチウムゲッター

を蒸発させた。言い換えれば、本研究は、移動表面式プラズマ対向機器開発の最終段階として流動液体リチウムを使えるかという可能性の先駆け的調査を行うものである。）

　筆者と異なる専門分野で研究をされている読者でも、和訳文から上記4パラグラフから起承転結の流れがフォローできると思います。ここで、「承」に相当する第2のパラグラフがHoweverで始まっていますが、これは、第1のパラグラフで述べた研究現状についての問題点を指摘するだけで、全くそれを否定するわけではありませんので「起→承」の流れに反するものではありません。

　また、この四つのパラグラフで構成される「緒論」で使われている接続詞は、このHoweverのみです。これは、セクション2-8で述べた科学英語基本ルール#8に従って、接続詞の使用を必要最小限にしたものです。また、時制に関しては、「過去形」・「現在形」・「現在完了形」が使われています。セクション2-3で解説した時制のルールに矛盾しません。

　この四つのパラグラフを初心者バージョンに書き換えますと、以下のようになります。

緒論（初心者バージョン）

**It is important to maintain reduced particle recycling from the wall in order to achieve high-performance core confinement. For this reason, "boronization" has been applied in many plasma confinement experiments.**

（「起」：高性能コア閉じ込め達成のため壁からの粒子の低リサイクリングを維持することが重要である。このため、「ボロニゼーション」が多くのプラズマ閉じ込め実験に適用された。）

**However, boronization has to be repeated because the wall is saturat-**

**ed with fuel and impurity particles. This means that boronization cannot be used in steady state fusion reactors.**

（「承」：しかしながら、壁が燃料・不純物粒子で飽和すると、ボロニゼーションを繰り返す必要がある。これは、ボロニゼーションが定常運転核融合炉には用いられないことを意味する。）


**To solve this problem, the concept of moving-surface plasma-facing component (MS-PFC) was first proposed by Hirooka et al. about two decades ago [1]. In this concept, the surface trapping capabilities are regenerated outside the reactor and the refreshed surface will be exposed to the edge plasma, again.**

（「転」：この問題に可能な解決策を提供するため、移動表面式プラズマ対向機器（MS-PFC）概念がHirooka等によって約20年前に初めて提唱された［参考文献-1］。この概念では、粒子捕獲能力が炉外で再生され、その結果得られた表面が再び周辺プラズマに曝される。）


**<u>This report presents the data from the MS-PFC experiments</u> conducted to demonstrate reduced recycling even at steady state. In these experiments, continuous gettering with lithium is done on a rotating drum target. The present work is intended to investigate the possible applications of liquid lithium for PFCs.**

（「結」：本論文は、定常状態でも低減されたリサイクリングを実証するため行われた移動式プラズマ対向機器（MS-PFC）実験の結果を報告する。これらの実験では、回転ドラムターゲットに連続的にリチウムゲッタリングを行った。本研究は、開発の最終的ステージとして流動液体リチウムをプラズマ対向機器に応用できるかの可能性を調査する。）


いかがでしょうか？　初心者バージョンでは以下に挙げる重要表現をほとんど使わずに、中・上級者バージョンと同様の情報を読者に伝えていま

す。ただし、初心者バージョンの英文ですと、全体に論文が短くなる傾向がありますが、論文査読の観点から全く問題ありません。

## 重要表現のまとめ

▶ ever since ...（…以来）

since だけより強調された表現です。

▶ one of the key conditions to ...（…するための重要な条件）

ここでの key は、日本語で言う「鍵」と同じ意味です。

▶ a variety of ... techniques（種々の方法）

a variety of ... は、どちらかと言えば米語ですが論文表現としても充分正当派です。

▶ by nature（その性格として（どうしても、不可避に））

どちらかと言うと「欠点」を述べるときに用いられる表現です。

▶ the efficacy of ...（…の効能）

efficacy は、医学用語で（薬の）「効能」の意味で良い効果を意味します。それに対して effect は、良くも悪くも何らかの効果を意味します。

▶ no doubt（疑いなく）

文字通りの意味で、名詞ですが副詞句の働きをするのでプレゼンにも論文にも使える便利な表現です。同様な表現に no wonder「どうりで…だ」がありますが、これは、主として会話に用いられる表現です。

▶ the present work is intended to ...（本研究は…する目的である）

これもどちらかと言えば、米語表現ですが、プレゼンにも論文にも使える表現です。

▶ pilot the future possibilities（先行的に何らかの可能性を調査する）

pilot は、非常に洗練された表現ですが、この例文のようなケースで使われます。

▶ this report presents the data from ... experiments（本論文は、…実験からのデータを発表するものである）

初心者バージョンの中で用いられましたが、中・上級者の表現としても使えます。また、同じことを this paper reports on ... としても構いません。

### 3-3 「実験・理論：Experimental・Theory」の書き方
### ⟶ 研究の方法の詳細と特徴を述べる

　ここでは、研究の方法、つまり、「実験方法・理論（モデル）」のセクションの書き方を解説します。読者の皆さんが論文を書き始めて感じるのは、このセクションが最も書きやすいということでしょう。それは、日ごろ使っている実験装置・計算コードについての詳細を述べるわけですから正に「立て板に水」で書けるはずです。しかし、論文読者は、それらに関して全く知識がないという前提で丁寧にかつ真摯な態度で書いてください。以下に実験・理論（モデル）の数例を挙げて、書き方のコツを解説します。

```
実験方法（中・上級者バージョン）
```

　実験装置や実験手順を述べるときは、言うまでもありませんが図を用いて読者の理解を図ってください。以下に基盤のスパッターエッチング（清浄化）とそれに引き続くダイヤモンド膜コーティングの実験操作と、それに用いられる実験装置を例にとって解説します。まず、Fig. 1 に装置の図を示します。

　この図をもとにして以下のような実験操作の記述をしたと仮定します。

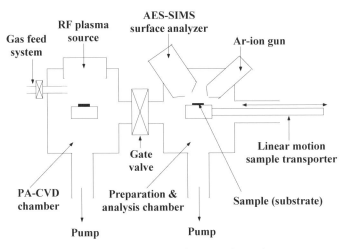

Fig.1    A schematic diagram of the experimental setup.

A schematic diagram of the experimental setup used is shown in Fig. 1. This setup consists of two vacuum chambers connected with each other: (1) one for substrate preparation and surface analysis before and after film deposition; and (2) the other for plasma-assisted chemical vapor deposition (PACVD) of thin films. In the present work, film deposition substrates are made of molybdenum in the form of circular disk with a diameter of 2.5 cm and a thickness of 1 mm. One of these substrates is introduced into the vacuum system to be set on a sample stage with a built-in resistive heater, using a linear motion sample transporter. The substrate is first heated up to temperatures around 300°C and then bombarded with argon ions at an energy of 1 keV for about 10 minutes for surface cleaning, using a differentially pumped ion gun. As the final process of substrate preparation, the surface cleanliness is checked with Auger electron spectroscopy (AES).

(図-1 に実験装置の模式図が示されている。この装置は、連結された二つ

の真空容器から構成されている：（1）一つは基盤の準備と薄膜蒸着前後の表面分析を行う；（2）もう一つはプラズマを用いた化学蒸着（PACVD）による薄膜形成のためのものである。本研究では、蒸着基板として直径2.5 cm、厚み1 mmの円盤状のモリブデンを用いた。これらの基板は、一つずつ抵抗加熱ヒーター付きのステージに載せられ、直線試料搬送機を用いて真空システムに導入される。この蒸着基板は、まず、300℃に加熱され、次に差動排気されたイオン銃を用いて1 keVのアルゴンイオンで約10分間照射され表面清浄される。蒸着基盤準備の最終プロセスとして、オージェ電子分光（AES）により表面清浄性がチェックされる。）

    After these preparation processes, the substrate is transported into the vacuum chamber for PACVD. This chamber is then backfilled with argon up to a partial pressure of around $10^{-3}$ Torr. A 1 kW RF (Radio Frequency) plasma source is used for generating argon plasmas, known to have plasma densities of the order of $10^{10}$ 1/cc and electron temperatures around 3 eV. After the substrate temperature is raised up to around $500°$C, methane is introduced into the host argon plasma up to partial pressures around $10^{-5}$ Torr. These temperature and partial pressure conditions are to be maintained for PACVD, the duration of which is typically 1 hour. The resultant carbonaceous film is finally analyzed at room temperature with secondary ion mass spectrometry (SIMS), as to hydrogen content, on its way out of the vacuum system.

（これらの準備過程の後、蒸着基板は、プラズマを用いた化学蒸着（PACVD）のための真空容器に移される。この容器は、分圧 $10^{-3}$ Torr 程度までアルゴンで満たされる。1 kW 高周波プラズマ源を用いて、密度が $10^{10}$ 1/cc 台、電子温度が約 3 eV 程度と知られているアルゴンプラズマが生成される。蒸着基板の温度が 500℃ まで上げられた後、このアルゴンプラズマに分圧 $10^{-5}$ Torr までメタンが導入される。これらの温度、圧力条件は、典型的には 1 時間ほどのプラズマ蒸着の間、維持される。結果として得られた炭素系の薄膜は、最後に真空システムから取り出される前に常温で 2 次イオン

質量分析（SIMS）により水素含有量に関して分析される。）

これを初心者バージョンに書き換えると以下のようになります：

実験方法（初心者バージョン）

A schematic diagram of the experimental setup is shown in Fig. 1. This setup consists of two vacuum chambers: (1) one for substrate preparation; and (2) the other for film deposition. In the present work, deposition substrates are made of molybdenum. A substrate is first degassed at around 300°C and then bombarded with argon ions at 1 keV for about 10 minutes for surface cleaning. Then, the surface analysis for the substrate is done with Auger electron spectroscopy (AES).

（図-1 に実験装置の模式図が示されている。この装置は、二つの真空容器から構成されている：（1）一つは試料の準備；（2）もう一つは薄膜形成のためのものである。本研究では、蒸着基板はモリブデン製である。蒸着基板は、まず、300°C で脱ガスされ、次に 1 keV のアルゴンイオンで約 10 分間照射され表面清浄される。その後、オージェ電子分光（AES）により表面分析が行われる。）

After these preparation processes, the substrate is moved to the film deposition chamber. The plasma-assisted chemical vapor deposition (PACVD) method is used in the present work. Argon is introduced into this chamber up to partial pressures around $10^{-3}$ Torr. An RF (Radio Frequency) plasma source is employed for argon plasma generation. The substrate temperature is then raised up to around 500°C, and methane is introduced into this chamber up to partial pressures around $10^{-5}$ Torr. These experimental conditions are maintained for about 1 hour during film deposition Finally, the hydrogen concentration in the deposited film

**is analyzed with secondary ion mass spectrometry (SIMS).**

（これらの準備過程の後、蒸着基板は、蒸着容器に移される。蒸着には
プラズマ CVD 法が用いられた。この容器は、分圧 $10^{-3}$ Torr 程度までアル
ゴンで満たされる。1 kW の高周波プラズマ源を用いてアルゴンプラズマ
が生成される。蒸着基板の温度が 500℃ まで上げられた後、この真空チェ
ンバーに分圧 $10^{-5}$ Torr までメタンが導入される。これらの実験条件は、
薄膜生成のため約１時間維持される。最後に、形成された薄膜中の水素濃
度は、２次イオン質量分析（SIMS）により分析される。）

　さて、いかがでしょうか？　初心者バージョンは、多少、舌足らずで論
文著者（査読者）としては不満が残るかもしれませんが、それでも実験方
法・手順のエッセンスは、読者に伝わるであろうことがおわかりいただけ
たと思います。つまり、テクニカルライティングの初心者は、日本語にと
らわれずに要点だけを英語にする努力をしてください。慣れるにしたがっ
て、中・上級者バージョンへ移行していけばいいわけです。
　ところで、中・上級者バージョンも初心者バージョンの例文でも実験装
置・操作を説明する動詞の時制は、科学英語基本ルール #3 に従って、現
在形であることに注意してください。

### 重要表現のまとめ

▶ this setup consists of two vacuum chambers（この装置は二つの真空容器
　から構成されている）

　　理科系論文中で consist of は、大変よく使われる表現です。

▶ in the form of circular disk with a diameter of ... cm（直径…cm の円盤状
　の…）

　　この表現で注意すべきは、circular disk の前に冠詞がないことです。
　これは、たとえ disk が数えられる名詞でも「circular disk：円盤とい
　う形」を意味するためです。

▶ one of these substrates is introduced into ...（これらの基板が…に一つずつ導入される）

これは、「一つずつ」を強調する表現で、当然ながら、基板を一度に数個装填する場合にも、この表現を応用することができます。たとえば、two substrates are introduced at the same time：二つの基盤が同時に導入される。

▶ a sample stage with a built-in resistive heater（抵抗加熱ヒーターが埋め込まれた試料台）

同じ意味を with a resistive heater built in としても表現できますが、最近は、built-in が一つの形容詞として扱われる傾向があるので、例文ではこちらの表現を用いました。

▶ this chamber is backfilled with ...（…でこの容器が充填される）

backfill は、聞き慣れないかもしれませんが米口語から始まって現在では、論文中にもしばしば見られる動詞です。前置詞 with を使うことに注意してください。

▶ conditions are to be maintained（条件が維持される（べきである））

be to ... という表現には、「…されなければならない」というニュアンスがありますが、should ほど強い意味ではありません。つまり、米口語の supposed to be によく似たニュアンスであると言えます。

▶ the process, the duration of which is ...（長さ（時間）が…であるプロセス）

これは、関係代名詞 which の所有格の用例で、先行詞は process です。詳細はセクション 2-7-1 を参照。

▶ the resultant carbonaceous film（結果として生成した炭素薄膜）

resultant は、「…の結果として（生まれた）」という意味です。

▶ film is analyzed with secondary ion mass spectrometry（薄膜が 2 次イオン分析によって解析される）

spectrometry（分析の「方法論」）を表すときの前置詞が with であるこ

とに気を付けてください。もし、これが spectrometer（分析の「道具」）であれば、with ではなく by を使います。この場合は、不定冠詞も付いて by a spectrometer となります。

▶ as to ...（…に関して）

as to は、非常に便利な表現です。科学論文中やそのプレゼンにしばしば使われますので覚えてください。

理論・モデル（中・上級者バージョン）

次は理論（モデル）の一例を挙げます。前セクションの炭素膜のプラズマ蒸着（PACVD）過程を説明するモデルを、Fig. 2 の図を用いて記述します。

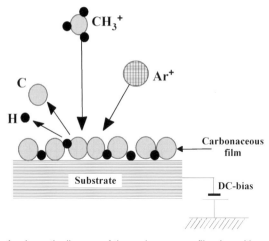

Fig. 2 A schematic diagram of the carbonaceous film deposition process with methane introduced into an argon host plasma.

**Consider** a plasma-assisted chemical vapor deposition (PACVD) process in which carbonaceous film deposition takes place on a molybdenum substrate, bombarded with a hydrocarbon and argon mixture plas-

**ma.** Shown in Fig. 2 is a schematic diagram of the PACVD process. At electron temperatures around 3 eV, as is often the case with low power RF-plasmas, methane is considered to be ionized, <u>liberating one hydrogen atom,</u> most likely into the form of $CH_3^+$ [2]. Even when these hydrocarbon ions impact on the molybdenum substrate, depending up on the energy, it can not necessarily be expected that all the rest of hydrogen atoms bound to carbon will be liberated. It is also possible that liberated hydrogen atoms would be ionized in the host plasma and recycled back to the substrate. <u>It follows from these arguments that</u> hydrogen will <u>be incorporated into the film</u> unless the substrate is heated up to temperatures to induce thermal desorption and/or decomposition.

（今、炭化水素とアルゴンの混合プラズマにモリブデン基板が曝され炭素系薄膜が蒸着されるようなプラズマ蒸着（PACVD）プロセスを考えよう。図-2 は、その PACVD 過程を模式的に描いたものである。電子温度が 3 eV 程度の場合、低出力高周波プラズマによくあることではあるが、メタンは水素原子を一つ遊離して恐らく $CH_3^+$ の形にイオン化すると考えられる［参考文献-2］。これらの炭化水素イオンがモリブデン基板を衝撃しても、エネルギーによっては、必ずしも炭素に結合している残りの水素が全て遊離するとは期待できない。また、遊離した水素もプラズマ中でイオン化して基板にリサイクルするであろう。これらの議論から水素は、基板が水素の熱脱離または熱分解をするほどの温度に過熱されていない限り、どうしても生成された炭素薄膜の中に水素が取り込まれる。）

Next, <u>let us evaluate</u> the criteria for which film deposition occurs. The particle balance analysis as to carbon (hydrocarbon) on the substrate requires to <u>take into account</u> the three processes: (1) surface trapping of hydrocarbon by molybdenum; (2) self-sputtering of hydrocarbon; and (3) sputtering of deposited hydrocarbon by argon ions.

（次に薄膜生成が起こる条件を評価してみよう。炭素（炭化水素）に関する粒子バランスには、三つのプロセス：（1）炭化水素のモリブデンに

よる表面捕獲；（２）炭化水素のセルフスパッタリング；（３）付着した炭化水素のアルゴンイオンによるスパッタリングを考慮する必要がある。）

Therefore, the number of carbon atoms on the substrate may be described by the following equation:

$$\frac{dN_C}{dt} = (v_{CH_3^+ \to Mo} - Y_{CH_3^+ \to CH_x})\Gamma_{CH_3^+} - Y_{Ar^+ \to CH_x}\Gamma_{Ar^+} \tag{1}$$

where $v_{CH_3^+ \to Mo}$ is the surface trapping coefficient of hydrocarbon by molybdenum, $Y_{CH_3^+ \to CH_x}$ is the self-sputtering yield, $Y_{Ar^+ \to CH_x}$ is the sputtering yield of carbon by argon, $\Gamma_{CH_3^+}$ is the incoming flux of hydrocarbon ions, and $\Gamma_{Ar^+}$ is the incoming flux of argon ions. Clearly, film deposition takes place only when $dN_c/dt$ is positive. It is important to mention here that in eq. (1), the sputtering effect of liberated hydrogen is not incorporated, and also, for simplicity, the sputtering yields by hydrocarbon may be approximated by those by carbon.

（したがって、基板上に蒸着した炭素原子は、次の式で記述される。[式（１）省略] ただし、$v_{CH_3^+ \to Mo}$ は、モリブデンによる $CH_3^+$ の表面捕獲確率；$Y_{CH_3^+ \to CH_x}$ は、セルフスパッタリング率；$Y_{Ar^+ \to CH_x}$ は、アルゴンによる炭素系薄膜のスパッタリング率；$\Gamma_{CH_3^+}$ は、$CH_3^+$ の入射粒子束；$\Gamma_{Ar^+}$ は、アルゴンイオンの入射粒子束である。薄膜蒸着が起こるのは、言うまでもなく $dN_c/dt$ が正の場合である。なお、式（１）では遊離した水素によるスパッタリング効果は、考慮されていない。また、簡単のため、炭化水素によるスパッタリング率は、炭素によるそれで近似してもよいだろう。）

Rearranging eq. (1) under the approximations described above, film deposition conditions can be expressed in terms of incoming ion flux ratio, so that:

$$\frac{\Gamma_{CH_3^+}}{\Gamma_{Ar^+}} = \frac{Y_{Ar^+ \to C}}{v_{CH_3^+ \to Mo} - Y_{CH_3^+ \to C}} \approx \frac{Y_{Ar^+ \to C}}{v_{C^+ \to Mo} - Y_{C^+ \to C}} \tag{2}$$

The denominator in eq. (2) must be a non-zero and positive value, meaning that film deposition <u>would not occur, otherwise</u>. All the left hand terms of eq. (2) are functions of incident angle and energy. However, as far as the incident angle is concerned, normal incidence may be assumed here because the ion energies of hydrocarbon and argon are at most a few eV while the negative DC-bias applied on the substrate is of the order of $-100$ V in the PACVD process employed in the present work.

（先に述べた仮定の下に式（1）を書き直すと薄膜蒸着の条件は、入射イオン粒子束比について［式（2）省略］のように表される。式（2）の分母は、ゼロでない正の値、つまり、そうでない場合は、薄膜蒸着は起こらないのである。式（2）の左辺の全ての項は、イオンの入射角度とエネルギーに依存する量である。しかし、入射角度に関しては、垂直入射を仮定してよいであろう。というのは、本研究で用いた PACVD プロセスでは－100 V 程度の負の直流バイアスがかけられるのに対して、炭化水素・アルゴンイオンのエネルギーはたかだか数 eV であるからである。）

この PACVD 過程モデルの説明を初心者バージョンに書き換えると以下のようになるでしょう。

---

理論・モデル（初心者バージョン）

---

<u>Consider</u> the following plasma-assisted chemical vapor deposition (PACVD) process. A molybdenum substrate is exposed to <u>a hydrocarbon and argon mixture plasma</u>. A schematic diagram of this PACVD process is shown in Fig. 2. Under the present experimental conditions, methane is considered to be ionized into the form of $CH_3^+$ [2]. Therefore, hydrogen will likely <u>be incorporated in the resultant film</u> unless the substrate is heated up to temperatures to induce thermal desorption and/or thermal decomposition.

（今、次のようなプラズマ蒸着(PACVD)プロセスを考えよう。モリブデンの基板が炭化水素とアルゴンの混合プラズマに曝される。その PACVD プロセスの模式図を図-2 に示した。今回の実験条件では、メタンは CH$_3^+$の形にイオン化することが考えられる[参考文献-2]。したがって、恐らく生成された炭素薄膜の中に水素が取り込まれるであろう。）

Let us evaluate the film deposition criteria, taking into account the following processes: (1) surface trapping of hydrocarbon by molybdenum; (2) self-sputtering of hydrocarbon; and (3) sputtering of deposited hydrocarbon by argon.

（次の三つのプロセスを考慮して薄膜生成が起こる条件を評価してみよう：（１）炭化水素のモリブデンによる表面捕獲；（２）炭化水素のセルフスパッタリング；（３）付着した炭化水素のアルゴンによるスパッタリング。）

The number of carbon atoms on the substrate may be given by the following equation:

$$\frac{dN_C}{dt} = (\nu_{CH_3^+ \to Mo} - Y_{CH_3^+ \to CH_x}) \Gamma_{CH_3^+} - Y_{Ar^+ \to CH_x} \Gamma_{Ar^+} \qquad (1)$$

where $\nu_{CH_3^+ \to Mo}$ is the surface trapping coefficient of hydrocarbon by molybdenum, $Y_{CH_3^+ \to CH_x}$ is the self-sputtering yield, $Y_{Ar^+ \to CH_x}$ is the sputtering yield of carbon by argon, $\Gamma_{CH_3^+}$ is the incoming flux of hydrocarbon ions, and $\Gamma_{Ar^+}$ is the incoming flux of argon ions. Film deposition takes place only when $dN_c/dt$ is positive. It is important to mention here that in eq. (1), the sputtering effect of liberated bydrogen is not considered and the sputtering yields of hydrocarbon are approximated by tbose of carbon.

（基板上に蒸着した炭素原子数は、次の式で与えられる。[式（１）省略］ただし、$\nu_{CH_3^+ \to Mo}$ は、モリブデンによる CH$_3^+$の表面捕獲確率；$Y_{CH_3^+ \to CH_x}$ は、セルフスパッタリング率；$Y_{Ar^+ \to CH_x}$ は、アルゴンによる炭素系薄膜のスパッタリング率；$\Gamma_{CH_3^+}$は、CH$_3^+$の入射粒子束；$\Gamma_{Ar^+}$は、アルゴンイオンの入射粒

子束である。薄膜蒸着が起こるのは、*dN*<sub>c</sub>/*dt* が正の場合のみである。なお、式（1）では遊離した水素によるスパッタリング効果は、考慮されていない。また、炭化水素のスパッタリング率は、炭素のそれで近似されている。）

Rearranging eq. (1) under the assumptions described above, film deposition conditions can be expressed as follows:

$$\frac{\Gamma_{CH_3^+}}{\Gamma_{Ar^+}} = \frac{Y_{Ar^+ \to C}}{\nu_{CH_3^+ \to Mo} - Y_{CH_3^+ \to C}} \approx \frac{Y_{Ar^+ \to C}}{\nu_{C^+ \to Mo} - Y_{C^+ \to C}} \tag{2}$$

In eq. (2), the denominator must be positive. All the left hand terms of eq. (2) are functions of incident angle and energy. However, the normal incidence may be assumed because the ion energies of hydrocarbon and argon are only a few eV while the negative DC-bias applied on the substrate is about −100 V in the PACVD process used here.

（式（1）を上記の仮定の下に書き直すと薄膜蒸着の条件は、入射イオン粒子束比について［式（2）省略］のように表される。式（2）の分母は、ゼロでない正の値である。式（2）の左辺の全ての項は、イオンの入射角度とエネルギーに依存する量である。しかし、入射角度は、垂直入射を仮定してよいであろう。というのは、ここで用いられた PACVD プロセスでは−100 V 程度の負の直流バイアスがかけられるのに対して、炭化水素・アルゴンイオンのエネルギーは数 eV であるからである。）

　今回の初心者バージョンは、文字の説明は共通ですが、その他の詳細な説明部分はかなり簡単化されています。しかし、肝心の式（1）、（2）は中・上級者バージョンと共通ですから、論文読者にもその意図は通じますので心配いりません。

## 重要表現のまとめ

▶ consider ...（…を考えてみよう（想定しよう））

　これは、理論やモデルを説明するセクションの最初の文によく出てく

る言い回しで、命令形であることに注意してください。

▶ a ... and ... mixture plasma（…と…の混合プラズマ）
　似た表現でも mixture が抜けて hydrocarbon and argon plasmas になれば、それぞれ違う独立したプラズマが 2 種類という意味で plasmas と複数になることに注意。

▶ liberating one atom（原子を 1 個遊離する）
　一般に、化合物が「完全に分解する」ときは、decompose を使いますが、同じ原子がいくつか含まれ、そのうちの「一部が結合を切って離れる」ときは、この例のように liberate を使います。

▶ it follows from these arguments that ...（これらの議論から言えることは…である）
　これは少し硬い表現ですが、論文英語としては完璧です。

▶ be incorporated into the film（薄膜中に混ざり込む（取り込まれる））
　incorporated は、聞き慣れないでしょうがこのようなときに必ず使われる動詞で、それ以外の動詞では表現できないので注意してください。

▶ let us evaluate ..., taking into account ...（…を考慮して…を評価しよう）
　これも前出の consider と同様に、論文中の理論的展開の冒頭によく使われる表現です。これは、命令形ではありませんが意味は同じです。take into account も、前述のように（22 ページ参照）論文のテクニカルライティングに使える重要な表現です。

▶ it is important to mention here that ...（ここで述べるべきは…である（ここで注意すべきは…である））
　論文中でよく使われる言い回しですので、ぜひ覚えてください。

▶ for simplicity（簡単のため）
　これは、日本語の論文にもよく出てくる表現で覚えやすいと思います。

▶ may be approximated by ...（…で近似される）

「近似的に＝approximately」は、よく知られていますが、これを動詞としても使えることを覚えておくと便利です。

▶ ... would not occur, otherwise（さもなければ、…は起こらない）
文の最後に置かれた「, otherwise」が仮定法の意味を持たせるので、would が使われます。

## 3-4 「結果と考察：Results and discussion」の書き方
### ⟶ データの発表とその解説・議論

実験（中・上級者バージョン）

さて、Fig. 3 のような薄膜成長速度のデータが得られたとしましょう。これらのデータに対して以下のような記述をしては、いかがでしょうか？

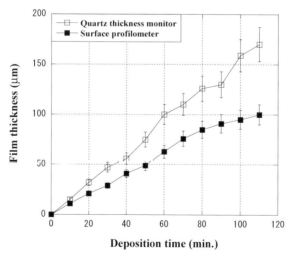

Fig. 3　Film thickness growth behavior measured by a quartz thickness monitor and surface profilometer.

The thickness growth behavior of the films obtained from PACVD at an RF input power of 800 W is shown in Fig. 3 as a function of deposition time. These measurements have been done using a quartz thickness monitor real-time during film deposition and also using a surface profilometer after-the-fact and the possible error is typically about 10%. Notice that both of these cases indicate the film thickness increases linearly with increasing deposition time although there is a systematic discrepancy between them. As a result, the film thickness growth rate from the quartz thickness monitor is roughly 1 $\mu$m/min, and that from the surface profilometer is 1.5 $\mu$m/min, the discrepancy between which ends up being about 50%, for example, at a deposition time of 100 min.

（800 ワット RF 入力時のプラズマ蒸着（PACVD）から得られる膜厚成長挙動が蒸着時間の関数として図-3 に示されている。これらの測定は実時間で水晶発振モニターを用いたものと、蒸着後に表面プロファイラーを用いたもので、ともにエラーは典型的には 10％程度である。両者には一定の差があるものの、どちらも時間に対して直線的に増加することに注目されたい。その結果、例えば、蒸着時間 100 分後には、膜厚成長速度が水晶発振モニターからのデータを用いると約 1 $\mu$m/分、表面プロファイラーからのデータでは 1.5 $\mu$m/分で、両者の差は約 50％になってしまう。）


The systematic discrepancy can best be understood as follows: The quartz thickness monitor is usually set for the deposition of pure carbon atoms, namely, no incorporation of hydrogen atoms, hence, carbon-to-carbon (C-C) atomic spacing is 2.5 Å under the assumption that a perfectly aligned crystalline structure be formed. In contrast, SIMS measurements have indicated that the hydrogen concentration in some of the resultant films is as large as 30at%, which then increases the C-C atomic distance. It is also true that even without hydrogen incorporation, carbon deposits are not expected to form a perfect crystalline unless the deposition substrate is heated to temperatures up to around 2000 °C. This again leads to the prediction that film thicknesses measured with surface profilometry would be larger than those indicated by the real-time quartz thickness monitor. <u>Based on these arguments</u>, it is considered that the films obtained from the PACVD process in the present work are most likely hydrogenated carbon, i.e., amorphous carbon, though X-ray analysis needs to be done to confirm this.

（これら二つのデータの差は、次のように考えれば最もよく理解できる。水晶発振モニターは、通常、純炭素膜の測定用にセットされている、つまり、水素の取り込みもなく完全な結晶構造を持つものと仮定して炭素-炭素の原子間距離を 2.5 Å としている。これに対して 2 次イオン質量分析器（SIMS）測定結果から得られた薄膜のいくつかの水素含有量が 30 原子％もあったので、このことから炭素原子間距離を増加させるだろう。一方、炭素蒸着物は、蒸着基板が 2000℃程度に加熱されていない限り、完全な結晶構造を持つことは期待できない。これからも表面プロファイラーからの膜圧測定結果が実時間の水晶発振モニターからのそれより大きくなることが期待される。これらの議論から、今後 X 線解析で確認する必要はあるものの、我々は得られた膜が水素化炭素膜、つまり、非結晶性炭素であると考える。）

実験（初心者バージョン）

The thickness growth behavior of the films obtained from PACVD at an RF power of 800 W is shown in Fig. 3. These measurements have been done, using a quartz thickness monitor during film deposition and also using a surface profilometer afterwards. The errors in these measurements are typically about 10%. Data indicate that the film thickness increases linearly with increasing deposition time. The film thickness growth rate from the quartz thickness monitor measurements is roughly

1 $\mu$m/min and that taken from the surface profilometer is 1.5 $\mu$m/min, for example, at a deposition time of around 100 min.

（800 ワット RF 入力時のプラズマ蒸着（PACVD）から得られる膜厚成長挙動が図-3 に示されている。これらは、薄膜蒸着中に水晶発振モニターを用いたものと、事後に表面プロファイラーを用いたものである。これらの測定の誤差は約 10％である。データから膜圧は時間に対して直線的に増加することがわかった。例えば蒸着時間 100 分程度の時、膜厚成長速度は、水晶発振モニターからのデータを用いると約 1 $\mu$m/ 分、表面プロファイラーからのデータでは 1.5 $\mu$m/ 分である。）

The difference between these two sets of data can best be understood as follows. The quartz thickness monitor is set for pure carbon film measurements, assuming a perfect crystalline structure. The largest hydrogen concentration measured with SIMS in the resultant films has been found to be 30at%. These incorporated hydrogen atoms are likely to increase the distance between carbon atoms. Even without hydrogen incorporation, deposited carbon is not expected to form a perfect crystalline if the deposition substrate temperatures is lower than 2000°C. Therefore, film thicknesses measured by the surface profilometer tend to be larger than those by the thickness monitor. Based on these arguments, the films obtained in the present work are likely to be hydrogenated amorphous carbon.

（これら二つのデータの差は、次のように理解するのが最も良いと考えられる。水晶発振モニターは、完全な結晶構造を持つと仮定して純炭素膜の測定用にセットされていた。2 次イオン質量分析器（SIMS）測定結果から、薄膜中の水素含有量の最大値が 30 原子％であった。これらの吸収水素原子は炭素原子間距離を増加させるだろう。もし、水素の吸収がなくとも炭素は、蒸着基板が 2000℃以下の場合、完全な結晶構造を持つことは、期待できない。したがって、これからも表面プロファイラーからの膜圧測定結

果が水晶発振モニターからのそれより大きい傾向がある。これらの議論から得られた膜は恐らく非晶質水素化炭素膜であろう。)

今回の初心者バージョンでは、難度の高い表現を一切使わずに「直球的」表現で書きましたので細かな情報は飛ばされていますが、要点は読者にも明解でしょう。

## 重要表現のまとめ

▶ real-time during ...（…中の実時間に）
real time と独立に使うと名詞（または、形容詞）ですが、ハイフンを入れて real-time とすると副詞的に用いることができます。

▶ after-the-fact（事後に）
あまり聞き慣れないかもしれませんが、real-time に相対する表現としては、after-the-fact を使いますが、両者ともハイフンを入れて「合成副詞」として用いられます。

▶ notice that ...（…に注目されたい）
命令形ですが、読者の注意を喚起するべきところで用いられます。

▶ a systematic discrepancy（一定の（系統的な）差異）
似た表現で a constant discrepancy とすれば、文字通り一定の差ですので、図-3 は、平行な二つの直線になります。ここでの「一定」とは、直線の傾きが異なるという意味ですので、注意してください。

▶ in contrast（対照的に、それとは反対に）
「…と反対に」という意味でよく使われる表現です。

▶ as large as ...（…にも達する、…ほど大きい）
この表現は、初心者バージョンの中で書き換えた the highest concentration is 30at% と同意です。

▶ based on these arguments（これらの議論から）

finding が可算名詞として用いられますので注意してください。

理論・モデル（中・上級者バージョン）

前セクションの理論・モデルの不等式(2)から導かれる計算結果に関して、Fig. 4 の結果が得られたとします。これに対して以下のような考察文を書いてみては、いかがでしょうか？

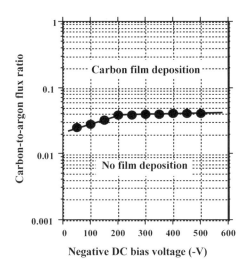

Fig. 4　Film deposition criteria by the particle balance model: the domains above and below the curve are, respectively, for film deposition and no film deposition.

Shown in Fig. 4 are the critical carbon-to-argon flux ratios, defined by eq. (2), drawing a boundary to separate two domains whether or not film deposition occurs, as a function of negative DC bias voltage applied on the substrate. More specifically, <u>criteria are such that</u> film deposition takes place under <u>conditions falling in the domain</u> above the boundary, as indicated in Fig. 4, whereas <u>the opposite is true</u> in the domain below it. It is important to mention here that in estimating the three factors in eq. (2), all of which are assumed to be functions of ion energy and incident angle, a Monte Carlo program: TRIM-SP [3] has been executed for the normal incidence but with the ion energy varied between 50 and 500 eV.

（図-4 に示されているのは、薄膜蒸着が起こるか起こらないかの二つの領域を分ける曲線を描くような式（２）で定義された薄膜形成の炭素とアルゴンの粒子束比で、境界線が基板にかける負のバイアスの関数として表示されている。つまり、図-4 に示されたように、実験条件がこの境界線の上の領域に入るなら薄膜形成が起こり、境界線より下の領域の場合は、その逆である。ここで重要なのは、式（２）の三つの項を全てイオンエネルギーと入射角の関数と仮定して垂直入射条件はあるが、エネルギーを 50 eV から 500 eV まで変えてモンテカルロプログラム（TRIM-SP）［参考文献-3］計算を実行したことである。）


The film deposition boundary value increases with increasing DC bias voltage up to around 200 V, above which a "plateau" is seen. At low energies, the sputtering yield of carbon by argon bombardment, the numerator of eq. (2), increases more rapidly than the denominator, <u>leading to</u> an increase in the flux ratio of $CH_3^+$ to $Ar^+$. At energies above 200 V, however, the numerator and denominator appear to reach a dynamic balance, <u>resulting in</u> a plateau.

（DC バイアス電圧が 200 V まで薄膜蒸着境界値は増加するが、その後は、

ある一定の値となる。低エネルギーでは、アルゴンによる炭素のスパッタリ
ング率、つまり式（2）の分子が分母より早く増加するため、$CH_3^+$と$Ar^+$の比
が増加する。しかし、200 V以上のエネルギーでは、どうやら式（2）の分母・
分子は、動的な平衡状態に達したようで結果として一定値に達する。）

<hr>

理論・モデル（初心者バージョン）

<hr>

The boundary for film deposition defined by eq. (2) is shown in Fig. 4
as a function of DC bias voltage. Film deposition takes place under con-
ditions falling in the domain above the boundary. A Monte Carlo pro-
gram: TRIM-SP [3] is used to calculate the three factors in eq. (2) at en-
ergies between 50 and 500 eV, assuming the normal incidence.

（式（2）で定義された薄膜形成の境界線が基板にかける負のバイアスの関
数として図-4に示されている。この境界線の上の領域に当たる条件で薄膜形
成が起こる。式（2）の三つの項は、モンテカルロプログラム（TRIM-SP）［参
考文献-3］を用いて、垂直入射を仮定し50 eVから500 eVまでのエネルギー
で計算された。）

The boundary value increases with increasing DC bias voltage up to
around 200 V, and then saturates. This is because at low energies, the
numerator of eq. (2) increases more rapidly than the denominator. At
energies above 200 V, however, the numerator and denominator appear
to reach a dynamic balance.

（DCバイアス電圧が200 Vまで薄膜蒸着境界値は増加するが、その後
は飽和する。これは、低エネルギーでは、式（2）の分子が分母より早く増
加するためである。しかし、200 V以上のエネルギーでは、式（2）の分母・
分子は、動的な平衡状態に達したようである。）

▶ criteria are such that ...（条件は…（以下）の通りである）

　　such that ... は、英語論文（あるいは学会プレゼン）独特の硬い表現で
　すが、同じ意味を is that ... でも表現できます。

▶ conditions falling in the domain（ある領域に入る条件）

　　ここでの注意点は、日本人の 99％が思い浮かべる correspond to では
　なく fall という動詞を用いることです。

▶ the opposite is true（反対になる（反対が真実））

　　この表現も聞き慣れないかもしれませんが、the opposite で反対の物
　を抽象的に表現しています。

▶ leading to ... ; resulting in ...（（結果として）…になる）

　　どちらも非常によく使われる、全く同じ意味のイディオムです。論文
　中で重複を避けるために使い分けてください。

---

### 3-5　「結論・まとめ：Conclusion・Summary」の書き方
### ⟶ 研究結果の将来への発展性・波及効果を述べる

---

　最後に論文を締めくくる「結論・まとめ」の書き方を解説します。ここ
では、大別して次の二つのアプローチをとることができます：

　（1）　ヘッディングを Conclusion（結論）として、前セクション「結果
と考察」での結果と問題点を整理し将来計画を述べ、当該分野研究の展望
に言及する。科学英語基本ルール #3 に従って未来形時制の文が入ってく
る点が論文最後に来る「結論」と、論文冒頭に置かれる「アブストラクト」
との違いです。

　（2）　ヘッディングを Summary（まとめ）として、前セクションの結果
と考察の内容を箇条書きにしてまとめる。この場合は、将来への発展性・

波及効果にはあまり言及しませんので初心者レベルの論文と言えます。

　言うまでもありませんが、筆者は、読者の皆さんには（1）のアプローチをとれるような内容の論文を書いていただきたいと思います。たとえば、実験なら測定結果を羅列して終わるような論文ではなく、それぞれの結果が有機的に結びつき、一つのメッセージとなって同じ分野の研究者に向けて発信されるような論文です。

　以下に、前セクションで考察したプラズマ促進薄膜蒸着（PACVD）の実験結果とモデル計算結果に基づいた中・上級者バージョンの「結論」を書いておきますので、参考にしてください。初心者バージョンの「まとめ」は、前述のように「結果と考察」の内容を箇条書きにして繰り返すだけですので、ここでは省略します。

---

### 実験（中・上級者バージョン）

　PACVD法で蒸着された炭化水素系薄膜に関しての結果を受けて、次のように結論を出したとしましょう。

---

　The present work is intended to pilot the possible use of low-power RF plasma sources for the diamond film deposition with PACVD, <u>as opposed to</u> the typical industrial procedure using high-power plasma sources. Results indicate that deposited films are carbonaceous, namely, hydrogenated amorphous carbon with the hydrogen content as high as 30at%, evaluated by SIMS analysis. Unfortunately, <u>this is far from</u> ideal characteristics of diamond although the film growth rate has been found to increase with increasing hydrogen content.

　（本研究は、産業界で高パワープラズマ源を用いるのに対して、低パワープラズマ源を用いることでダイヤモンド膜をプラズマ蒸着（PACVD）できないかを先遣調査するためのものであった。しかし、得られた薄膜は、炭化水素系、つまり、非晶質炭素で水素含有量は2次イオン質量分析（SIMS）から30%にもなる場合もあった。取り込まれた水素の増加に伴って膜厚成長

速度も増加することがわかったが、残念ながら、これは理想的なダイヤモンドの特性とはかけ離れたものである。）

  **Despite** these rather discouraging results on film characteristics, the physics of PACVD has been clarified in great detail. In the host plasma generated by the 1 kW RF power source, the electron temperature is typically around 3 eV, **in which case** methane will be ionized, but not liberating all the hydrogen atoms bound to carbon. As a result, the major ion species would be $CH_3^+$, leading to the incorporation of hydrogen atoms in the deposits. These findings will definitely direct the interst in the film deposition research community towards the atomic & molecular reactions in the PACVD process.
  （これらのやや残念な薄膜特性にもかかわらず、我々は、プラズマ促進蒸着の物理に関してかなりの詳細が明らかにされた。1 kW 電源で生成されたホストプラズマの電子温度は 3 eV 程度で、その場合、メタンは、炭素に結合している全ての水素を遊離してイオン化することはない。その結果、$CH_3^+$ が主な炭化水素プラズマ種となり、大量の水素が蒸着物に取り込まれた。これらの発見によって、薄膜蒸着研究のコミュニティーの関心が確実にプラズマ促進蒸着プロセス中の原子・分子反応へ向けられるであろう。）

  In the next series of experiments, the effect of substrate temperature on hydrogen incorporation will be investigated more in detail. Also, in these experiments a reflex arc plasma source is planned to be used to generate host plasmas with rather high electron temperatures, reaching 10 eV.
  （次の実験では、蒸着基板の温度が水素の取り込みに影響を及ぼすか、より詳細に調査する予定である。また、10 eV に達するようなより高い電子温度のホストプラズマを得るために、後方アークプラズマ源を用いることも予定している。）

▶ as opposed to ...（…に対して、…とは異なり）

　unlike ... と同意で非常によく使われる便利な表現です。

▶ this is far from ...（これは…にほど遠い）

　日英の表現が似ているので理解しやすい言い回しです。

▶ despite ...（…にもかかわらず）

　in spite of と同じ意味ですが、論文には、despite の方がしばしば見られます。

▶ ..., in which case（…のような場合）

　which の関係形容詞的用法で、コンマまでの内容を受けて「その場合は」という意味です。詳細はセクション 2-7-2 を参照。

理論・モデル（中・上級者バージョン）

　前セクションの理論・モデルの不等式(2)から導かれる計算結果に関しての考察から、以下のように実験的研究にも言及するような結論を導き出します。

In the present work, the plasma-assisted film deposition process has been analyzed, using a zero-dimensional particle balance model. As a result, the film deposition criteria have been described in terms of carbon-to-argon ion flux ratio, and as a function of DC bias voltage applied on the substrate. These criteria are such that at any DC bias voltage, there is a minimum carbon-to-argon ion flux ratio for film deposition, namely, below the minimum film deposition cannot be expected. This is always true, <u>regardless of</u> substrate temperature unless it is sufficiently high to induce re-evaporation of deposits.

（本研究では、プラズマ促進薄膜蒸着過程がゼロ次元の粒子バランスモデルによって解析された。その結果、薄膜蒸着条件が C/Ar イオン束比で記述され、それが蒸着基板にかけられる直流バイアス電圧の関数として得られた。これらの条件とは、どのバイアス電圧でも薄膜蒸着には最小の C/Ar イオン束比があり、それ以下では薄膜蒸着は期待できないということである。このことは、基板温度が蒸着物の再蒸発を起こすほど高温でない限り、常に当てはまる。）

Based on these criteria for film deposition, one can roughly estimate the gas feed rate for molecules or their fragments to be deposited for the given host plasma characteristics. One predicts that the electron temperature would play a more crucial role than the density of the host plasma. This is because generally, atomic & molecular reaction rates increase rather steeply with increasing electron temperature, particularly below 10 eV, whereas the effect of plasma density is most likely linear. Therefore, <u>from the point of view of</u> forming pure carbon films, it is recommended to generate host plasmas with rather high electron temperatures so that hydrocarbon molecules would more efficiently liberate hydrogen atoms bound to carbon.

（これらの条件を用いると、与えられたホストプラズマ特性に対して、その分子や破砕分子が蒸着する気体の注入速度を見積もることができる。この場合、電子温度がその密度より決定的な影響を持つであろうことが予想される。これは、一般に、10 eV 以下の領域では、特に、原子・分子反応速度は、電子温度が上昇すると急激に増加するのに対して、プラズマ密度の効果は直線的であるからである。したがって、純炭素の薄膜を蒸着するという観点からは、炭素に結合している水素がより効率的に遊離するようにホストプラズマがやや高い電子温度を持つことが推奨される。）

▶ regardless of ...（…のいかんにかかわらず）

これに対して regarding は「…に関して」ですので、関連付けて覚えてください。

▶ from the point of view of ...（…する観点から）

of の後に続く言葉を簡単化して point の前に入れることもできます。

---

### 3-6 「謝辞・参考文献：Acknowledgement・References」の書き方

謝辞の書き方

最後は、「謝辞」です。論文構成上、謝辞を書くか否かは、全くのオプションです。つまり、必要がなければ書かなくてもよいということです。では、逆に、書かなければいけないのは、一般に次の三つの場合でしょう。

(1) 研究費・研究員を政府や財団から供給されている。

(2) 論文の核心に迫る議論で有益なアドバイスを誰かにしてもらった。

(3) 特別な立場の人に便宜を図ってもらった。

以下に、これら三つの場合に相当する簡単な謝辞文を挙げておきますので、参考にしてください。

① **"This work is (has been) supported by the U.S. Department of Energy Grant#abcd2020."**

（この研究は、米国エネルギー省の研究補助金 #abcd2020 によってサポートされたことをここに記す。）時制は、通常、現在か現在完了です。Be 動詞なしの場合は、Work supported by ... となります。

② **"Fruitful discussion with Dr. A. Einstein of PPPL is greatly ap-**

**preciated."**

（プリンストンプラズマ物理研究所（PPPL）の Einstein 博士との実りあ
る議論を高く評価いたします。）

③　**"The authors are deeply indebted to the special technical support
arrangement by the Institute Director, Dr. R. W. Conn."**

（著者らは、技官のサポートに関しての研究所長 Conn 先生の特別な取
り計らいに感謝します。）

---

> ### 参考文献の挙げ方

　文献を引用するとき必要な情報は、（1）論文著者名（第一著者名）；（2）
出典元（雑誌・ジャーナル・単行本書名）；（3）ボリューム番号；（4）発
行年；（5）ページ（または、章番号）です。ただし、これらの情報をいか
に並べるかは、投稿しようとする雑誌・ジャーナルによって異なります。

　大別して以下のような場合がありますが、ここで、注意していただきた
いのは、文献ごとに最後にピリオドを打つことです。

（1）　Y. Hirooka and R. W. Conn, *J. Nucl. Mater.* **168**（2010）23.

これは、著者が Hirooka と Conn で、雑誌は *Journal of Nuclear Materials*
でそのボリューム番号が 168 巻、発行が 1990 年、その初ページが 23 とい
う意味です。

（2）　Y. Hirooka, et al., *Nucl. Fusion* <u>52</u>（2013）224-229.

筆者が 2 名以上いる場合は、第一著者だけを引用します。ここで、et
al. は、ラテン語の「et alii」に由来し、意味は and others です。この場合は、
ボリューム番号にはアンダーラインを入れ、論文のページ数は、初ページ
224 と最終ページ 229 の両方を書きます。

（3）　Roth, J., et al. in "Beryllium for Fusion"（ed.）Hirooka, Y., Springer
　　　Verlag, New York（2015）, Chap. 8.

これは、2015 年発行の単行本：「Beryllium for Fusion」の中の第 8 章で

その筆者が Roth, J. と姓（Last name）から書いて名（First name）はイニシャルのみを書くスタイルです。また、本の編集者（ed.）は Hirooka という意味です。

(4)　　K. L. Wilson and E. Baskes, "DIFFUSE-code for hydrogen recycling" Sandia Report SAND-20-1234（2020）.

これは、著者が Wilson と Baskes で、サンディア研究所レポート SAND-20-1234 で、発行年が 2020 年という場合です。

なお、著者の並べ方・著者名の書き方に関しては、一般に、以下のようなルールがあります。

(1)　　著者が 2 人の場合は、両方ともその名前を挙げる（上記の例：(1)）。

(2)　　著者が 3 人以上の場合は、代表して第一著者の名前を挙げる（上記の例：(2)、(3)）。ただし、雑誌によっては、全ての著者の名前を挙げさせることもあります。

(3)　　著者名は、First name（名）イニシャルが先で Last name（姓）が後の場合（上記の例（1）、(2)、(4)）や、逆に、姓を先に書き、名のイニシャルがその後に来る場合もあります（上記の例（3））。その場合、姓の後にコンマを入れます。例えば、HIROOKA（または、Hirooka），Y. のようになります。

# 4 | レクチャー英語から ライティング英語への書き換え

　本章では、日常会話英語に対してフォーマルな場所での講演のためのレクチャー英語を論文執筆のためのライティング英語に変換することを、実際のマサチューセッツ工科大学（MIT）での理工系講義を例にとって解説していきます。MIT講義のレクチャー英語の書き取り文を見ると、ネイティブスピーカーでも不適切（不正確）な修辞表現・不必要な重複・稚拙な表現が含まれています。しかし、我々日本人が論文執筆のライティング英語を書く時、同様な誤りを犯してしまうことがよくあります。本章の狙いは、読者の皆さんに以下抜粋した科学英語基本ルール #1 ～ #8 を駆使して MIT レクチャー英語をライティング英語に変換することで、ジャーナル投稿論文用の精度の高い英文の書き方を体得していただくことです。

　この目的のために本書第2章で解説したルールをまとめると以下のようになります：

(1)　主語には、特別な対象がない限り「人間」（人格を与えられた生物）を用いない。

(2)　時制の中心は、原則として現在形・現在完了形であるが、過去の事実を述べる等の場合は、過去形を中心とした文脈になる。

(3)　名詞の単複に関しては、講義英語の場合、ネイティブスピーカーでも正確性に欠ける場合が多いので、状況判断して単複を選択す

る。それでも、「無難の s」（セクション 2-4 参照）は、有効です。

(4)　冠詞・定冠詞の選択も講義英語の場合、会話英語と同様に、精度が落ちることが多いが、やはり状況判断して名詞の単複と連動して考える。

(5)　講義英語では、前置詞の理科系用法が随所に現れるが、場合によっては、より適切な前置詞に変換する。

(6)　関係代名詞も講義英語では、会話英語に用いられる叙述的の用法になる場合があるが、これも論文英語では、出来るだけ客観的な表現に切り替える。

当然ですが、本書読者が、英語科学論文を書いた後、国際会議での発表をする場合は、逆に変換すればよいことになります。

## 4-1　Chemical science 講義（女性講師）の例

この例での最初の 2 分くらいまでの書き取り文は、以下のようになります（©Sylvia Ceyer, 2015. URL は https://ocw.mit.edu/courses/chemistry/5-112-principles-of-chemical-science-fall-2005/video-lectures/lecture-2-discovery-of-nucleus/）：

レクチャー英語（書き取り文）

The following content is provided by MIT OpenCourseWare under a Creative Commons license. Additional information about our license and MIT OpenCourseWare in general is available at ocw.mit.edu.

(1)**OK. Great, well, let's get going.** (2)**Last time we ended up (by) discovering the electron, and we discovered the fact that the atom was not the most basic constituent of matter.** (3)**But in 1911 there was another discovery, concerning the atom, and this is by Ernest Rutherford in England.**

(4)And what Rutherford was interested in doing is studying the emission from the newly discovered radioactive element such as radium. And so, he borrowed, he got from Marie Curie some radium bromide. (5)Radium bromide was known to emit something called alpha particles. They didn't really know what these alpha particles were. (6)Now, they did know that the alpha particles were heavy, they were charged and they were pretty energetic. (7)This is what was known. Of course, today we know these alpha particles are nothing other than helium with two electrons removed from helium, helium double plus. (8)Rutherford is in the lab. and he's got this radium bromide, alpha particles being emitted and has some kind of detector out here to detect those alpha particles. And he measured a rate at which the alpha particles touch his detector. And it is about 13200 alpha particles per minute. OK, that's nice.  〔約２分〕

　よろしい、それでは始めましょう。前回は、電子を発見したこと、そして、原子が物質の最も小さな構成単位ではないことを発見したところまで話しましたね。しかし、1911 年には、原子に関して、英国のアーネスト・ラザフォードによるもう一つの発見がありました。当時、ラザフォードが興味を持っていたのは、ラジウムのような新発見された放射性元素からの放射を研究することでした。彼は、マリー・キューリーからラジウム臭化物を借りてきました。それは、アルファ粒子というものを放出することがわかっていましたが、それが何かはわかっていませんでした。その時までにわかっていたのは、アルファ粒子が重いこと、また電荷を持つこと、そして、高エネルギーであることだけでした。今日では、我々は、ヘリウム原子で電子を二つ取られたもので、$He^{++}$ であることがわかっています。ラザフォードは、実験室にいてこのラジウム臭化物を持っていて、アルファ粒子が放出されているので、それを検出する何らかの検出器が必要でした。そして、彼はアルファ粒子がその検出器に達する速度を測定しました。それは、１分間に 13200 カウントでした。大変良くできました。

(1)The lecture proceeds as follows. (2)Towards the end of last class it was described that electrons were discovered, which then proved that atoms are not anymore the most basic constituent of matter. (3)(4)In addition, there was another discovery, concerning the atomic structure, made by an English scientist named Ernest Rutherford in 1911 when he was conducting experiments on the emission from radium, a newly discovered radioactive element, a small amount of which was provided in the form of bromide by Marie Curie. (5)At that point in time, radium bromide was known to emit some particle, referred later to as alpha particle. It was not well understood the nature of these particles until much later time. (6)Nowadays, however, it is widely known that the alpha particle is a charged particle with a relatively large mass and kinetic energy. (7)More specifically, alpha particles are helium ions, stripped with two electrons, identified as $He^{++}$. (8)When he was working with radium bromide in the laboratory, Rutherford realized a necessity of developing a detector by which the emission rate of alpha particles can be evaluated. It was fortunate that the emission rate was actually measured to be about 13200 alpha particle per minute.

---

レクチャー英語からライティング英語へ変換のポイント

　二つの英語を見て本書読者は、その違いがおわかりでしょうか？　以下に1文ずつ語調変換の根拠詳細を解説していきます：

　(1)　まず、講義英語最初の文の OK. Great! という「感情」表現と Well の語句は、当然ながら論文英語では消えています。Let's get going. も Let's = let us ですから人物表現 us を避ける意味で消去されています。結果とし

て The lecture proceeds as follows. という客観的で冷静な文に変換されます。

（2）　第 2 文は、まず、二つの we を消去します。それから ended up (by) ...（結局…になる）という会話的表現を Towards the end of ...（…の最後の方で）に言い換え、情報を解説したという意味の describe を使って表現します。また、重複して使われている 2 回目の discover を prove に置き換えます。また、「原子が物質の最小単位ではない」は、不変の事実ですから時制の一致を避けて were → are に変えてあります。これは、次の例文でも同じです：He said that helium is lighter than argon.（彼は、「ヘリウムはアルゴンより軽い」と言った）。

（3）　文頭の But は、機械的に変換すると However になりますが、ここでは強い否定の意味はないので、むしろ In addition で続けた方が次の表現 there was another discovery と整合性が良くなります。それから、concerning the atom（原子に関して）の本当の意味は、原子構造に関してでしょうから atomic structure とします。最後の and this is ... の重文は、made by ... と置き換えて単文に変換します。Rutherford in England でも間違いではありませんが、より精度の高い表現 an English scientist named Rutherford としました。

（4）　次の And から始まる 2 文は、前文と結合させて簡略化します。まず、文頭に置かれた 2 回の And は、論文英語では消去されます。それから、前文で what Rutherford was interested in doing は、意味の上では実験をしていたという事実ですから、前文の discover が、実験中に起こったという意味に読み替えます。つまり、discovery ... made ... when he was conducting experiments（実験中の発見）となります。それから、重要な表現は a small amount of which（それの少量）で、これは、関係代名詞 whose が人間を先行詞としない場合の用法としてセクション 2-7-1 で解説したものです。その中の borrow は、人が人に（お金などを）借りる意味の動詞で論文英語では不適当ですから、provide に書き換えます。

（5）　まず、something は口語英語では問題ありませんが、論文英語ではいかにも抽象的なので（粒子とわかっているので）some particle とします。ここで、some は「いくつかの」ではなく「何らかの」の意味なので particle が単数なのに注意してください。「後に…と呼ばれる」という表現 referred later to as ...、それに呼応して alpha particle と単数になります。ち

なみに原文のまま called ... の場合も、particles と複数にするのは感心しません。なぜなら、一般に called に続くのは「固有名詞」扱いだからです。

（6）　次に alpha particle の説明文ですが、形容詞 heavy、energetic だけでは、抽象的で論文英語には不適格ですので、relatively（比較的）を入れてそれを和らげます。一番良いのは、数量的な比較の基準を入れることですが、ここではそれが明らかでないのであえてそのままにしておきます。それから、energetic は、kinetic energy（運動エネルギー）と読み替えました。

（7）　次の2文は、結合させます。まず、Of course, は口語表現なので消去します。それから today も同様に Nowadays（at present でも可）で置き換えます。次に nothing other than も口語叙述的（強調）表現なので消去します。それから helium with two electrons removed でも間違いではありませんが、電子を剥がされたという原子分子物理の専門的表現 stripped with two electrons と言い換えます。

（8）　次の Rutherford is in the lab. で始まる単文、重文を結合させて、Rutherford が検出器を必要としていたと読み替えると realized a necessity of ... となります。そして、詳細は飛ばされて検出データ 13200 カウントが出てきて、OK, that's nice. と締めくくりますが、これを測定が上手くいって良かったという1文にして It was fortunate that ... としました。

以上のように、レクチャー英語の原文（初級英語に相当するレベル）からは、かけ離れたライティング英語（中・上級英語に相当するレベル）のパラグラフが完成しました。読者の中には、レクチャー英語でもなかなか思いつかないという人もいるかもしれませんが、実際のライティング英語には、1文1文に根拠ある表現が求められるということを学んでください。

---

## 4-2　Classical mechanics 講義（男性講師）の例

この例での最初の2分くらいまでの書き取り文は、以下のようになります（©Walter Lewin, 1999. URL は https://www.youtube.com/watch?v=8tTwp4XX-5Y&t=25s）：

(1)We will discuss velocities and acceleration. (2)I will start with something simple. (3)I have a motion of an object along a straight line. We'll call that one-dimensional motion. (4)And I'll tell you that the object is here at time $t_1$. At time $t_2$, it's here. At time $t_3$, it's there. At time $t_4$, it's here and at time $t_5$, it's back where it was at $t_1$. And here you see the positions in $x$ where it is located at that moment in time. I will define this to be the increasing value of $x$. It's my free choice, but I've chosen this now. (5)Now we introduce what we call the average velocity. I put a bar over it. That stands for average between time $t_1$ and time $t_2$. That we define in physics as $x$ at time $t_2$ minus $x$ at time $t_1$ divided by $t_2$ minus $t_1$. That is our definition. In our case, because of the way that I define the increasing value of $x$, this is larger than 0. However, if I take the average velocity between $t_1$ and $t_5$, that would be 0, because they are at the same position, so the upstairs is 0. If I had chosen $t_4$ and $t_2$, the average velocity between time $t_2$ and $t_4$ you would have seen that that is negative because the upstairs is negative. Notice that I haven't told you where I chose my zero on my $x$-axis. It's completely unimportant for the average velocity. It makes no difference. However, if I had chosen this to be the direction of increasing $x$, then of course, the sings would flip. Then this would have been negative and this would have been positive. ［約 2 分 10 秒］

　速度と加速度についての議論をします。まず、簡単なことから始めます。直線に沿った物体の運動を考えます。ここでは、それを 1 次元運動と呼びましょう［以下、挿入図 Fig. 5 を参照］。そして、時間 $t_1$ の時、物体はここにあるとし、時間 $t_2$ でここに、時間 $t_3$ ではそこにあるとします。そして、時間 $t_4$ でここにあり、時間 $t_5$ で物体は $t_1$ にあった場所に戻ります。ここで、ある瞬間において位置している $x$ についての場所を見ることができます。ここでは、$x$ の増加をこの方向と定義します。これは、全く私の自由な選

択でここではこの方向としました。次に、平均速度というものを導入しま
す。（文字の上に）棒を引きます。これは、時間 $t_1$ と $t_2$ の間の平均を表し
ます。物理ではそれを時間 $t_2$ における $x$ 引く時間 $t_1$ における $x$ を時間 $t_2$ 引
く $t_1$ で割ることと定義します。これが我々の定義です。この場合、$x$ の増
加方向の定義によりこれが 0 より大きくなります。しかし、$t_1$ と $t_5$ の間の
平均速度を取れば、それは、0 より小さくなります。なぜなら、二つの場
所は同じ位置だから分子は 0 になるからです。もし、$t_4$ と $t_2$ を選べば、
平均速度は負の数値となります。なぜなら、分子が負の数値だからです。
ここで、気づいてもらいたいのは、$x$ 軸のゼロ点を規定していないことで
す。それは、平均速度を出す上で全く重要ではないからです。ゼロ点をど
こに取っても同じです。しかし、もし $x$ の増加方向をこの方向にすると、
言うまでもなく、符号は入れ替わります。したがって、これが負になり、
これが正になっていたでしょう。

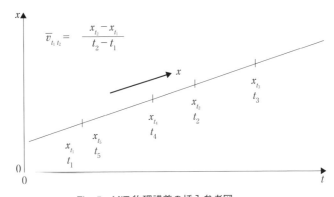

Fig. 5　MIT 物理講義の挿入参考図

ライティング英語

[1]Lectured in this class will be some of the basic ideas of velocities and
acceleration. [2]A simple example shall be used for starters. [3]Consider a
motion of an object along a straight line, which is generally referred to

as one-dimensional motion. [4]Here, the following assumptions are made for discussion（see Fig. 5）the sake of: when $t = t_1$, the object is at $x = x_{t_1}$; when $t = t_2$, the object is at $x = x_{t_2}$; when $t = t_3$, the object is at $x = x_{t_3}$; when $t = t_4$, the object is at $x = x_{t_4}$; and when $t = t_5$, the object is at $x = x_{t_5}$, where it was located when $t = t_1$. And here you see the positions in $x$ where it is located at that moment in time. Finally, the variable $x$ is set to increase along the straight line as it moves in the direction from $x_{t_1}$ to $x_{t_2}$ although the opposite may be the case. [5]Introduced next is the concept of average velocity, which is given by the quotient of the distance and the time between the two positions. Also, the average velocity is usually shown by a symbol with a bar on top of it. For example, the equation in Fig. 5 shows the average velocity, between at $t = t_1$ and $t = t_2$, respectively, at $x = x_{t_1}$ and $x = x_{t_2}$. Because of the definition for increasing $x$ and $t$, both the numerator and denominator are positive, so that the quotient would be positive as well. One interesting case is that the average velocity between at $t = t_1$ and $t = t_5$ would be 0 because two positions: $x = x_{t_1}$ and $x = x_{t_5}$ are the same as each other. Also interesting is that it doesn't matter where the original point: $x = 0$ is set on the $x$-axis in terms of evaluating the average velocity, because the signs of the numerator as well as denominator would change accordingly.

---

## レクチャー英語からライティング英語へ変換のポイント

（1）　まず、人称代名詞の we や I を使わない文体への変換をします。これは、能動態から受動態への変換です。最初の文では、さらに倒置法が使われて lectured（補語）が文頭に上がっています。もちろん、主語は some of the basic ideas、述語（助）動詞は will be です。

（2）　次の文も同じく受動態への変換をして、something simple は抽象的な表現で科学英語には馴染まないので、a simple example と表現を換えて

あります。

（3）　Consider ... は、このような状況でよく使われる動詞で「今（仮に）、…を考えよう」という日本語に相当します。「…を想像する」という意味でImagine ... と言いたくなりますが、本書筆者の知る高学歴ネイティブスピーカーは、そうは言いません。実際、理工系洋書・論文でもほぼ100％、Consider が使われています。we'll call から called としても間違いではありませんが、ライティング英語では、referred to as を使ってください。また、ここでは、関係代名詞 which を使って一つの文にまとめました。

（4）　最初の部分と同様に指示代名詞 I を使わずに表現を換えて、物体の位置と時間の関係を述べます。また、ここから繰り返し使われる場所を示す副詞（here、there）は、ライティング英語には不適当なので、図-5 に示した座標を使って $x = x_{t_1}$ のように表していきます。逆に言えば、このような記述には必ず挿入図が必要です。ここで、「逆向きも同様です」は the opposite may be the case で表現できます。日本語でよく言う「逆も真なり」は the opposite is also true です。

（5）　次のくだりで使われる introduce は、理工系ライティング英語でよく使われる動詞で「（物を）導入する」の意味で、日本人の99.9％が考える「（人を）紹介する」意味ではありませんので要注意です。平均速度の概念を距離と時間の割り算で……当たり前のことを英語にすると結構面倒くさい表現になります。また、この講師は、割り算の分子分母を簡単に upstairs（上階）、downstairs（下階）にたとえていますが、正確には numerator（分子）、denominator（分母）です。また、講義では受講生の理解を助けるため、$x$ 軸の原点をどこに置いても平均速度に関しては同じということを数例挙げて説明していますが、ライティング英語では、読者には考える余裕があるので英文としては圧縮された簡単な説明で十分です。

# 付録
# 重要表現の総まとめ
## ――全例文付き

▶ boron and carbon powders：ボロンとカーボン粉末

これも一種の因数分解ですが、ボロン粉末とカーボン粉末共通の名詞で因数分解すると powder が複数形になります（17 ページ参照）。

> The binder for these C-C composites is a mixture of *boron and carbon powders*.
>
> （これらの C-C コンポジットのバインダーは、ボロンとカーボンの混合粉末である。）

▶ be composed of ... and ...：…と…から成る

混合材料のときの成分を示す表現で、よく使われますので覚えておいてください（17、18 ページ参照）。

> This lubricant *is composed of* silicon *and* resin.
>
> （この潤滑剤は、シリコンとレジンからできている。）

▶ vary from ... to ...：…から…まで変化する

ある範囲で何か（パラメータ等）が変化する場合の決まり文句です（17 ページ参照）。

> The hydrogen pressure was measured, *varying* the temperature as a parameter *from* 500℃ *to* 1000℃.
>
> （水素圧力は、温度をパラメータとして 500℃から 1000℃まで変える間に、測定された。）

▶ attempt to ...：…しようと試みる

科学論文では、口語表現のtryという言葉は、あまり使いません（21ペー
ジ参照）。

> In an *attempt to* reduce the level of air pollution in Tokyo, the incoming traf-
> fic of vehicles with diesel engines has been restricted since 2004.
> （東京の大気汚染レベルの減少を目指して、ディーゼルエンジン車の
> 乗り入れが 2004 年から規制された。）

▶ using the（a）model based on ...：…を基礎にしたモデルを用いて

the model と定冠詞が付く場合は、かなり具体的しかも既知の理論が
続きます（21 ページ参照）。ただし、同種のモデルが数種類ある場合
や一般化された手法の場合は、不定冠詞となります。

> Cold fusion was first explained, *using a model based on* the assumption that
> hydrogen isotopes collide with each other during phase changes in the
> palladium-hydrogen system.
> （低温核融合は、初めパラジウム-水素系の相変化時に起こる水素同位
> 体の相互衝突を仮定するモデルで説明された。）

▶ take into account ...：…を考慮する

中学・高校の英語リーダーの教科書に出てくるこの表現は、科学論文
にも使えます。take の後に into account が付いていてちょっと使い辛
いかも知れませんが、全体で 1 語と考えてください（21 ページ参照）。

> The effect of thermal expansion must *be taken into account* when engine

components are assembled.

（エンジン部品を組み立てるときは、熱膨張の効果を考慮する必要が
ある。）

▶ be measured to be ... ：…と測定された

実験データを記述するときの決まり文句です（22 ページ参照）。

The propagating speed of the Tsunami wave associated with the Asian under-
sea quake *has been measured to be* about 6000 km/hr.
（アジア海底地震に伴う津波の伝播速度は時速約 6000 km と測定された。）

▶ ..., where *k* is the ... constant ：ここで、*k* は…定数である

数式の後に文字の説明をするときの決まり文句です。ただし、where
の前に必ずコンマが要ることに注意してください。ここで、*k* が特定
の係数でない場合は、*k* is a constant となります（22 ページ参照）。

The theory is based on the following equation: $I = kV/R$, where $I$ is the cur-
rent, *k is the conversion constant* for resistance, $V$ is the voltage and $R$ is the
radius of the cupper lead.
（この理論は、次のような式に基づいています：$I=kV/R$、ここで、$I$ は
電流、$k$ は抵抗値変換定数、$V$ は電圧、$R$ は銅線の半径である。）

▶ plasma bombardment is conducted ：プラズマ照射がなされる

何らかの（実験または理論的）操作を実施するという意味の表現とし
ては、conducted の代わりに executed や done を使っても構いません（24
ページ参照）。

First, nitrogen *implantation is conducted* to increase the surface hardness of titanium.

（初めにチタンの表面硬度を上げるために窒素注入がなされる。）

▶ be plotted as a function of ... ：…の関数としてプロットされる

グラフ説明によく出てくる表現で、慣用表現ですので of の後に続く
変数を表す名詞には冠詞は要りません（24 ページ参照）。

The measured current *is plotted* in Fig. 1 *as a function of* applied voltage.
（測定された電流が印加電圧の関数として図-1 に示されている。）

▶ warrant further research on ... ：…のさらなる研究を誘起させる

warrant は馴染みがないかもしれませんが、この形で用いられる重要
な動詞です（25 ページ参照）。

These unresolved technical issues certainly *warrant further research on* nuclear fusion.
（これら未解決の問題点が今後さらなる核融合の研究につながるであ
ろう。）

▶ it is our expectation that ... ：［我々は］…を期待するところである

これは、we expect that ... と同意ですが、科学英語基本ルール #2 により、
主語に we を使いませんので、ジャーナル論文では、it を主語とする
表現になります（25 ページ参照）。

*It is our expectation that* the pandemic situation will become under control
within a few months.
（世界的な伝染病状況は、数カ月以内にコントロールされるであろう
と期待するところである。）

▶ after ... has been done：…がなされた後で

この表現が未来形の主文と用いられるときは、現在完了形が未来完了形の意味になります（26 ページ参照）。

> True peace won't come to the world until *after the complete disarmament has been done.*
>
> （完全な武力放棄がなされるまで、世界に真の平和は来ないだろう。）

## 3-1 「要旨：Abstract」の書き方

▶ unlike other existing facilities：他の装置とは異なり

最近の論文でよく使われるようになってきた表現で、他の装置との差を強調するときに使います（53 ページ参照）。

> *Unlike other existing facilities*, the temperature of a flowing liquid can be measured without perturbation.
>
> （他の現存施設と異なり、擾乱なく流れる液体の温度を測定することが可能である。）

▶ in such a way that ...：…となるように

似た表現に in order that ... や so that ... がありますが、これらは「結果」を強調し、in such a way that ... は、むしろ結果に至る「やり方」や「過程」を強調する表現です（53 ページ参照）。so that には、「…となった」という結果を表す用法がありますが、in order that と in such a way that には、結果用法はありません。

> The magnetic field is configured *in such a way that* the plasma flows into the slot cut in the in-vessel component.
>
> （プラズマがちょうど容器内機器に掘られたスロットに流れ込むよ

▶ it is widely recognized that ... ：…は、周知の事実である

この場合の recognize は、「事実を認識する」の意味で使われます（55 ページ参照）。

*It is widely recognized that* nuclear weapon experiments can jeopardize the peaceful relationship between neighboring countries.
（核兵器の実験が近隣諸国との平和的関係を脅かすことは、周知の事実である。）

▶ this argument points to a need for ... ：この議論が…の必要性を示す

かなり高度な表現ですが、便利ですので覚えてください。なお、このときの need には、不定冠詞が付くことに注意してください（55 ページ参照）。

Clearly, *these arguments point to an urgent need for* the development of new man-machine interface for the next generation PCs.
（これらの議論は、明らかに次世代 PC に新しい人と機械のインターフェースの開発が至急必要であることを示唆している。）

▶ provide fundamental understandings on ... ：…に基本的な理解を与えるものである

これも論文独特の硬い表現ですが、中・上級者には覚えていただきたいものです（55 ページ参照）。

These new data will hopefully *provide fundamental understandings on* the mechanism of rapid propagation of the tsunami generated as a result of

Tohoku Earthquake in 2011.

（これらの新データは、2011 年の東日本大震災の津波の高速伝播機構に関する基本的な理解を与えてくれるだろう。）

## 3-2 「緒論：Introduction」の書き方

▶ ever since ... ：…以来

since だけより強調された表現です（59 ページ参照）。

*Ever since* the first detonation of an atomic bomb in Hiroshima, the entire world has been obsessed with the human-extinctive nuclear war nightmare.
（広島における初めての原子爆弾の使用以来、全世界は、人類絶滅の核戦争の悪夢に取りつかれてきた。）

▶ one of the key conditions to ... ：…するための重要な条件

ここでの key は、日本語で言う「鍵」と同じ意味です（59 ページ参照）。

*One of the key conditions to* achieve our goal is that government funding be provided to continue the current experiments.
（我々が目標に達するための一つの鍵は、政府が現在の実験を継続するに充分な予算を投じてくれることである。）

▶ a variety of ... techniques ：種々の方法

a variety of ... は、どちらかと言えば米語ですが論文表現としても充分正当派です（59 ページ参照）。

*A variety of* innovative techniques are being developed to send a manned spacecraft to Mars.

（火星に有人宇宙船を送るためのさまざまな革新的手法が開発されつ
つある。）

▶ by nature：その性格として（どうしても、不可避に）
どちらかと言うと「欠点」を述べるときに用いられる表現です（59 ペー
ジ参照）。

*By nature*, fossil fuels generate $CO_2$, which then accelerates global warming.
（化石燃料は、どうしても二酸化炭素が発生し地球温暖化を加速させ
る。）

▶ the efficacy of ...：…の効能
efficacy は、医学用語で（薬の）「効能」の意味で良い効果を意味しま
す。それに対して effect は、良くも悪くも何らかの効果を意味します
（59 ページ参照）。

*The efficacy of* aspirin for pain relief lasts at most 12 hours.
（アスピリンの鎮痛効果は、せいぜい 12 時間である。）

▶ no doubt：疑いなく
文字通りの意味で、名詞ですが副詞句の働きをするのでプレゼンにも
論文にも使える便利な表現です。同様な表現に no wonder「どうりで
…だ」がありますが、これは、主として会話に用いられる表現です（59
ページ参照）。

If Japan implements economic sanctions of any kind against North Korea, the
security in the entire far east area would *no doubt* be affected.

（日本が北朝鮮に対して、いかなる経済制裁でも、それを実施すれば、極東全域の安全が影響を受けることは疑いない。）

▶ the present work is intended to ... : 本研究は…する目的である

これもどちらかと言えば、米語表現ですが、プレゼンにも論文にも使える表現です（60 ページ参照）。

*The present work is intended to* provide a possible resolution with the nation's energy security issue.
（この研究は、国家のエネルギー確保問題に一定の解決策を与えるためのものである。）

▶ pilot the future possibilities : 先行的に何らかの可能性を調査する

pilot は、非常に洗練された表現ですが、この例文のようなケースで使われます（60 ページ参照）。

The recent development of humanoid robots is to *pilot the future possibilities* whether we will be free from manual labor.
（最近の人間型ロボットの開発は、将来、我々が単純作業労働から解放されるかどうかの可能性を先行調査するためのものである。）

▶ this report presents the data from ... experiments : 本論文は、…実験からのデータを報告するものである

初心者バージョンの中で用いられましたが、中・上級表現としても使えます。また、同じことを this paper reports on ... としても構いません（62 ページ参照）。

*This report presents the data from* our latest plasma confinement *experiments.*

（この論文は、我々の最近のプラズマ閉じ込め実験のデータを報告するものである。）

## 3-3 「実験・理論：Experimental・Theory」の書き方

▶ this setup consists of two vacuum chambers：この装置は二つの真空容器から構成されている

理科系論文中で consist of は、大変よく使われる表現です（65 ページ参照）。

The final procedure of artificial food preparation *consists of* three steps, namely, decontamination, packing and freezing.
（人工食品調製の最終段階は、三つのステップから成り立っている。つまり、殺菌・包装・冷蔵である。）

▶ in the form of circular disk with a diameter of ... cm：直径…cm の円盤状の…

この表現で注意すべきは、circular disk の前に冠詞がないことです。これは、たとえ disk が数えられる名詞でも「circular disk：円盤という形」を意味するためです（65 ページ参照）。

Specimens used in the present work are molybdenum *in the form of circular disk with a diameter of 3 mm.*
（この研究で用いられた試料は、直径 3 mm の円盤状のモリブデンである。）

▶ one of these substrates is introduced into ...：これらの基板が一つずつ…に導入される

これは、「一つずつ」を強調する表現で、当然ながら、基板を一度に

数個装塡する場合にも、この表現を応用することができます。たとえば、two substrates are introduced at the same time：二つの基盤が同時に導入される（65 ページ参照）。

---

*One of these substrate is introduced into* the vacuum chamber for film deposition.
（これらの基板は一つずつ薄膜蒸着のため真空容器に導入された。）

---

▶ a sample stage with a built-in resistive heater：抵抗加熱ヒーターが埋め込まれた試料台

同じ意味を with a resistive heater built in としても表現できますが、最近は、built-in が一つの形容詞として扱われる傾向があるので、例文ではこちらの表現を用いました（65 ページ参照）。

---

The test specimen was outgassed at 500℃ for 10 minutes on *a sample stage with a built-in resistive heater.*
（その試験片は、抵抗加熱ヒーター付きの試料台の上で 10 分間 500℃で脱ガスされた。）

---

▶ this chamber is backfilled with ...：…でこの容器が充塡される

backfill は、聞き慣れないかもしれませんが米口語から始まって現在では、論文中にもしばしば見られる動詞です。前置詞 with を使うことに注意してください（66 ページ参照）。

---

*This vacuum chamber is then backfilled with* helium up to partial pressures around $5 \times 10^{-3}$ Torr for sputter ion gun operation.
（この真空容器は、スパッターイオン銃の運転のため $5 \times 10^{-3}$ Torr 程度の分圧までヘリウムを充塡される。）

---

▶ conditions are to be maintained：条件が維持される（べきである）

be to ... という表現には、「…されなければならない」というニュアンスがありますが、should ほど強い意味ではありません。つまり、米口語のsupposed to be によく似たニュアンスであると言えます（66 ページ参照）。

> Temperature and hydrogen overpressure *conditions are to be maintained* during hydrogenation of these titanium-iron alloy specimens.
> （温度と水素の外圧は、チタン鉄合金試料が水素化されている間、維持されるものである。）

▶ the process, the duration of which is ... ：長さ（時間）が…であるプロセス

これは、関係代名詞 which の所有格の用例で、先行詞は process です。詳細はセクション 2-7-1 を参照（66 ページ参照）。

> We conducted *PACVD, the duration of which was* about one hour.
> （我々は、長さが約 1 時間のプラズマ蒸着を行った。）

▶ the resultant carbonaceous film：結果として生成した炭素薄膜

resultant は、「…の結果として（生まれた）」という意味です（66 ページ参照）。

> To our surprise, *the resultant carbonaceous film* buckled upon air exposure.
> （結果として得られた炭化水素膜は、空気に曝したとたん、シワシワになった。）

▶ film is analyzed with secondary ion mass spectrometry：薄膜が 2 次イオン分析によって解析される

spectrometry（分析の「方法論」）を表すときの前置詞が with であることに気を付けてください。もし、これが spectrometer（分析の「道具」）であれば、with ではなく by を使います。この場合は、不定冠詞も付いて by a spectrometer となります（66 ページ参照）。

> The composition of the *film is analyzed with* Auger electron spectroscopy.
> （薄膜の組成がオージェ電子分光法により分析された。）

▶ as to ... ：…に関して
  as to は、非常に便利な表現です。科学論文中やそのプレゼンにしばしば使われますので覚えてください（66 ページ参照）。

> Mr. President, please give us a rough idea *as to* how much longer our troops should stay in Iraq.
> （大統領、イラクにあとどのくらい兵士を駐屯させるかお聞かせください。）

▶ consider ... ：…を考えてみよう（想定しよう）
  これは、理論やモデルを説明するセクションの最初の文によく出てくる言い回しで、命令形であることに注意してください（70 ページ参照）。

> *Consider* a world without nuclear weapons.
> （核兵器のない世界を想定しよう。）

▶ a ... and ... mixture plasma ：…と…の混合プラズマ
  似た表現でも mixture が抜けて hydrocarbon and argon plasmas になれば、それぞれ違う独立したプラズマが 2 種類という意味で plasmas と複数になることに注意（70 ページ参照）。

*A* hydrogen *and* helium *mixture plasma* has been generated for the first time in our facility.
（水素とヘリウムの混合プラズマが我々の装置で初めて生成された。）

▶ liberating one atom：原子を 1 個遊離する

一般に、化合物が「完全に分解する」ときは、decompose を使いますが、同じ原子がいくつか含まれ、そのうちの「一部が結合を切って離れる」ときは、この例のように liberate を使います（71 ページ参照）。

It is predictable that at electron temperatures above 100 eV, a large fraction of methane would *liberate* all four hydrogen atoms.
（電子温度が 100 eV 以上の場合は、ほとんどのメタンが四つの水素原子を遊離するだろうと予測される。）

▶ it follows from these arguments that ...：これらの議論から言えることは…である

これは少し硬い表現ですが、論文英語としては完璧です（71 ページ参照）。

*It follows from these arguments that* towards the end of the 22nd century the sea level is expected to be 50 cm higher that now, leading to a 30% loss of the land area.
（これらの議論から 22 世紀の終わりには、海面レベルが今より 50 cm 上がると予想される、つまり、地表面積の 30%がなくなるということである。）

▶ be incorporated into the film：薄膜中に混ざり込む（取り込まれる）

incorporated は、聞き慣れないでしょうがこのようなときに必ず使われる動詞で、それ以外の動詞では表現できないので注意してください

（71 ページ参照）。

> If lithium deposition is conducted at pressures around $10^{-7}$ Torr, residual gases, containing oxygen, will likely *be incorporated into the resultant film.*
> （もし、リチウムの蒸着が $10^{-7}$ Torr 程度の圧力で行われたら、恐らく酸素を含む残留気体が薄膜に取り込まれるだろう。）

▶ let us evaluate ..., taking into account ... ：…を考慮して…を評価しよう

これも前出の consider と同様に、論文中の理論的展開の冒頭によく使われる表現です。これは、命令形ではありませんが意味は同じです。take into account も、論文のテクニカルライティングに使える重要な表現です（71 ページ参照）。

> Next, *let us evaluate* the possible existence of living creatures on Mars over the past 10000 years, *taking into account* the evidence of water flows on the surface.
> （次に、火星表面での水流痕跡を考慮して過去 1 万年間の生物の存在の確率を評価しよう。）

▶ it is important to mention here that ... ：ここで述べるべきは…である（ここで注意すべきは…である）

論文中でよく使われる言い回しですので、ぜひ覚えてください（72 ページ参照）。

> *It is important to mention here that* not all specimens were purchased from the same vendor, which then would raise a question of quality control.
> （ここで述べなければならないのは、全ての試料が同じ業者から購入されたのではないことであり、これは、試料の質管理の問題を提起する。）

▶ for simplicity：簡単のため

これは、日本語の論文にもよく出てくる表現で覚えやすいと思います（72 ページ参照）。

> *For simplicity*, the power loss due to friction is assumed to be negligible.
> （簡単のため、摩擦のための動力損失は無視できると仮定される。）

▶ may be approximated by ...：…で近似される

「近似的に＝approximately」は、よく知られていますが、これを動詞としても使えることを覚えておくと便利です（72 ページ参照）。

> In these calculations, for convenience, the thermal conductivity of the beryllium-copper alloy *is approximated by* that of pure beryllium.
> （これらの計算では、簡便のため、ベリリウム-銅の熱伝導度は、純ベリリウムのそれで近似されるものとする。）

▶ ... would not occur, otherwise：さもなければ、…は起こらない

文の最後に置かれた「, otherwise」が仮定法の意味を持たせるので、would が使われます（73 ページ参照）。

> The water temperature was set at 100°C, meaning boiling *wouldn't occur, otherwise*.
> （水温が 100℃にセットされた。というのは、そうしないと沸騰しないからである。）

## 3-4 「結果と考察：Results and discussion」の書き方

▶ real-time during ...：…中の実時間に

real time と独立に使うと名詞（または、形容詞）ですが、ハイフンを入

れて real-time とすると副詞的に用いることができます（78 ページ参照）。

> The hydrogen concentration was estimated *real-time during* hydrogenation via electrical resistance measurements.
> （水素化の途中、電気抵抗の測定を通して実時間で水素濃度が推定された。）

▶ after-the-fact：事後に

あまり聞き慣れないかもしれませんが、real-time に相対する表現としては、after-the-fact を使いますが、両者ともハイフンを入れて「合成副詞」として用いられます（78 ページ参照）。

> The gas mileage was calculated *after-the-fact* to estimate the quantities of fuel needed for the subsequent runs.
> （燃料率は、走行後計算され以降の走行への燃料必要量が算定された。）

▶ notice that ...：…に注目されたい

命令形ですが、読者の注意を喚起するべきところで用いられます（78ページ参照）。

> *Notice that* the linear relation has a breaking point at temperatures around 300℃.
> （300℃付近で直線関係に屈曲点があることに注目されたい。）

▶ a systematic discrepancy：一定の（系統的な）差異

似た表現で a constant discrepancy とすれば、文字通り一定の差ですので、図-3 は、平行な二つの直線になります。ここでの「一定」とは、直線の傾きが異なるという意味ですので、注意してください（78 ペー

ジ参照）。

> We have found that there is *a systematic discrepancy* between the data taken
> by Dr. Einstein and those by Dr. Frankenstein.
> （我々は、アインシュタインのデータとフランケンシュタインのデー
> タに一定の差があることを発見した。）

▶ in contrast：対照的に、それとは反対に

「…と反対に」という意味でよく使われる表現です（78 ページ参照）。

> President Obama was enthusiastic about protecting the Earth from climate
> changes, taking the leadership at COP21 in Paris. *In contrast*, President
> Trump doesn't even seem to believe global warming effects such as Polar ice
> cap melting.
> （オバマ大統領は、COP21 会議で主導的な役割を果たし、地球を気候
> 変動から守ることに熱心であった。それとは対照的に、トランプ大統
> 領は、極地氷河の溶解など地球温暖化効果を全く信じないようであ
> る。）

▶ as large as ...：…にも達する、…ほど大きい

この表現は、初心者バージョンの中で書き換えた the highest concentration
is 30at% と同意です（78 ページ参照）。

> Interestingly, the hydrogen concentration in carbonaceous materials can be *as
> large as* 0.4 in terms of H/C atomic ratio.
> （興味深いことに、炭素材料中の水素の濃度は H/C 原子数比で 0.4 に
> もなる。）

▶ based on these arguments：これらの議論から

finding が可算名詞として用いられますので注意してください（79 ページ参照）。

---

*Based on these arguments*, we conclude that cold fusion was not real.
（これらの議論から、我々は低温核融合が事実無根であったと結論する。）

---

▶ criteria are such that ...：条件は…（以下）の通りである

such that ... は、英語論文（あるいは学会プレゼン）独特の硬い表現ですが、同じ意味を are that ... でも表現できます（83 ページ参照）。

---

*Criteria are such that* the temperatures must be above 3300°C and also the self-vapor pressure is negligible in order to melt tungsten.
（タングステンを溶解するための条件は、温度が3300°C 以上で、しかも、自らの蒸気圧が無視できることである。）

---

▶ conditions falling in the domain：ある領域に入る条件

ここでの注意点は、日本人の 99％が思い浮かべる correspond to ではなく fall という動詞を用いることです（83 ページ参照）。

---

Our experimental *conditions* are expected to *fall in the domain* for film deposition predicted by Hirooka et al.
（我々の実験条件は、Hirooka 等の予想した薄膜形成領域に当たるものと期待される。）

---

▶ the opposite is true：反対になる（反対が真実）

この表現も聞き慣れないかもしれませんが、the opposite で反対の物

を抽象的に表現しています（83 ページ参照）。

> In nuclear fission reactions a large nucleus disintegrate into small nuclei, whereas *the opposite is true* in nuclear fusion reactions.
> （核分裂反応では、大きな原子核が小さな原子核に分裂するが、核融合反応では、その反対である。）

▶ leading to ... ; resulting in ... : （結果として）…になる
  どちらも非常によく使われる、全く同じ意味のイディオムです。論文中で重複を避けるために使い分けてください（83 ページ参照）。

> The U.S. economy is expected to regain its strength after the Corona virus situation is resolved, which will hopefully *lead to* (*result in*) the recovery of the Japanese economy as well.
> （米国経済は、コロナウイルス問題が解決すれば、また、その勢いを回復するであろう、そうなれば、おそらく日本経済の復帰もまた期待される。）

## 3-5 「結論・まとめ：Conclusion・Summary」の書き方

▶ as opposed to ... : …に対して、…とは異なり
  unlike ... と同意で非常によく使われる便利な表現です（86 ページ参照）。

> *As opposed to* North Korea, South Korea has become increasingly close to Japan via cultural exchanges.
> （北朝鮮と異なり、文化交流を通じて、韓国は、ますます日本と親密になりつつある。）

▶ this is far from ... : これは…にほど遠い

日英の表現が似ているので理解しやすい言い回しです（86 ページ参照）。

---

*This is far from* what I expected to see.
（これは、予想だにしなかったことだ。）

---

▶ despite ... ：…にもかかわらず

in spite of と同じ意味ですが、論文には、despite の方がしばしば見られます（87 ページ参照）。

---

*Despite* the fact that you did the best that you could, the result was not rewarding.
（彼らはベストを尽くしたにもかかわらず、結果は報われないものであった。）

---

▶ ..., in which case ：…のような場合

which の関係形容詞的用法で、コンマまでの内容を受けて「その場合は」という意味です。詳細はセクション 2-7-2 を参照（87 ページ参照）。

---

I will probably be late for the appointment, *in which case* you should go without me.
（私はたぶん約束に遅れていくでしょう、その場合は、私を待たずに行ってください。）

---

▶ regardless of ... ：…のいかんにかかわらず

これに対して regarding は「…に関して」ですので、関連付けて覚えてください（88 ページ参照）。以下の例文では、no matter ... と同意です。

> *Regardless of* how angry you might be, you should never hurt anyone.
> （あなたがどんなに怒っていても、誰かを傷つけてはいけません。）

▶ from the point of view of ... ：…する観点から

ofの後に続く言葉を簡単化して point の前に入れることもできます（89ページ参照）。

> *From the* peace-keeping *point of view*（または*From the point of view of* keeping the peace），all the nations should respect each other.
> （平和維持の観点から、全ての国が相互に尊厳を認めることが必要である。）

**著者略歴**

廣岡慶彦
（ひろ おか よし ひこ）

1953 年　兵庫県に生まれる
1981 年　大阪大学大学院工学研究科原子力工学専攻博士課程修了
　　　　　日本原子力研究所
1984 年　カリフォルニア大学ロサンゼルス校（UCLA）
1995 年　カリフォルニア大学サンディエゴ校（UCSD）
1998 年　文部省核融合科学研究所
現　在　中部大学教授（工学部・大学院工学研究科）
　　　　　核融合科学研究所名誉教授
　　　　　総合研究大学院大学名誉教授
　　　　　工学博士
主　著　『学会出席・研究留学のための理科系の英会話』（ジャパンタイムズ，1999）
　　　　　『理科系のためのはじめての英語論文の書き方』（ジャパンタイムズ，2001）
　　　　　『理科系のための実戦英語プレゼンテーション』（朝倉書店，2002）
　　　　　『理科系のための入門英語プレゼンテーション』（朝倉書店，2003）
　　　　　『理科系のための状況・レベル別英語コミュニケーション』（朝倉書店，2004）
　　　　　『理科系のための入門英語論文ライティング』（朝倉書店，2005）
　　　　　『学会出席・研究留学のための理科系の英会話 改訂版（CD 付）』（ジャパンタイムズ，2006）
　　　　　『英語科学論文の書き方と国際会議でのプレゼン』（研究社，2009）
　　　　　『理科系のための入門英語プレゼンテーション（CD 付改訂版）』（朝倉書店，2011）
　　　　　『理科系のための［学会・留学］英会話テクニック（CD 付）』（朝倉書店，2013）
　　　　　『理科系のための実戦英語プレゼンテーション（CD 付改訂版）』（朝倉書店，2014）

理科系のための
**入門英語論文ライティング**［改訂版］　　定価はカバーに表示

2005 年 3 月 25 日　初　版第 1 刷
2016 年 7 月 25 日　　　第 8 刷
2020 年 10 月 1 日　改訂版第 1 刷

著　者　廣　岡　慶　彦
発行者　朝　倉　誠　造
発行所　株式会社　朝　倉　書　店
　　　　　東京都新宿区新小川町 6-29
　　　　　郵 便 番 号　162-8707
　　　　　電　話　03（3260）0141
　　　　　FAX　03（3260）0180
　　　　　http://www.asakura.co.jp

〈検印省略〉

Ⓒ 2020 〈無断複写・転載を禁ず〉　　　　新日本印刷・渡辺製本

ISBN 978-4-254-10291-8　C 3040　　　　Printed in Japan